完美牛排
烹饪指南

[美] 阿曼达·梅森 著

李祥睿 梁晨 陈洪华 译

中国纺织出版社有限公司

图书在版编目（CIP）数据

完美牛排烹饪指南 /（美）阿曼达·梅森著；李祥睿，梁晨，陈洪华译. --北京：中国纺织出版社有限公司，2024.4

书名原文：How to Cook Steak: Techniques to Master Selecting, Preparing, and Cooking Steak

ISBN 978-7-5180-1423-1

Ⅰ. ①完… Ⅱ. ①阿… ②李… ③梁… ④陈… Ⅲ. ①牛肉—烹饪—指南 Ⅳ. ①TS972.125.1-62

中国国家版本馆CIP数据核字（2023）第223618号

原文书名：How to Cook Steak: Techniques to Master Selecting, Preparing, and Cooking Steak

原作者名：Amanda Mason

Copyright © 2021 by Rockridge Press, Emeryville, California

Photography © 2021 Hélène Dujardin. Food styling Anna Hampton. Illustrations © 2021 Tom Bingham. Author Photo courtesy of Brad Reed Photography.

First Published in English by Rockridge Press, an imprint of Callisto Media, Inc.

All rights reserved.

本书中文简体版经 Rockridge Press 授权，由中国纺织出版社有限公司独家出版发行。本书内容未经出版者书面许可，不得以任何方式或手段复制、转载或刊登。

著作权合同登记号：图字：01-2023-6283

责任编辑：范红梅　　责任校对：寇晨晨　　责任印制：王艳丽

中国纺织出版社有限公司出版发行

地址：北京市朝阳区百子湾东里 A407 号楼　邮政编码：100124

销售电话：010—67004422　传真：010—87155801

http://www.c-textilep.com

中国纺织出版社天猫旗舰店

官方微博 http://weibo.com/2119887771

北京华联印刷有限公司　各地新华书店经销

2024 年 4 月第 1 版第 1 次印刷

开本：787×1092　1/16　印张：9

字数：132 千字　定价：78.00 元

凡购本书，如有缺页、倒页、脱页，由本社图书营销中心调换

TRANSLATOR'S WORDS
译者的话

　　牛排是西餐中一道重要的菜式。牛排是否美味，与肉的品种、部位、质地、烹调方法、加热时长等因素有关，阿曼达·梅森在《完美牛排烹饪指南》一书中，凭借自己20多年的牛排烹饪经验，详细普及了牛排的基础知识，分析了牛排的挑选、处理与保存的方法，继而介绍了牛排常见的烧烤与煎制方法，以及其他不常见的烹饪方法，最后着重分享了许多经典的食谱，其中主要是牛排的各种食谱。同时，书中也介绍了一些相对不那么典型的"Steak"，如索尔兹伯里牛肉饼、油炸牛排等，甚至还有一些纯素食菜肴。它是牛排烹饪的指南，也是家庭烹饪牛排的宝典。

　　本书稿由扬州大学李祥睿、梁晨、陈洪华翻译，本书稿在翻译过程中，得到了扬州大学旅游烹饪学院和外国语学院以及中国纺织出版社有限公司各级领导的支持和帮助，在此表示感谢。

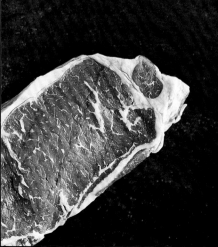

PREFACE

前 言

真希望当年学做牛排时，自己的手边也有这样一本书。

我在美国南部的田纳西州长大，很小的时候，母亲和祖母就让我进厨房帮忙做菜，到 8 岁时，我便已经学会了如何制作美式千层酥饼和炒蛋，但学做牛排却没有这么顺利。直到 20 多岁，为了在晚餐时给男友一个惊喜，我才第一次尝试烤牛排。趁男友上班，我备齐了材料，给烧烤炉点上了火。但同时我也非常紧张，心里充满了各种担心。牛排会不会没烤熟，让我俩吃了闹肚子？会不会烤得太过干柴，味道很糟糕？我也不是很会用烧烤炉，万一把男友房子点着了该怎么办？

尽管过程胆战心惊，但最终牛排的味道非常好，男友也赞不绝口。

从当初那块牛排到现在，已经过去了 20 多年。现在我写下这本书，迫不及待地想要将自己掌握的各种牛排烹饪方法与大家分享，就是为了告诉大家，烹饪牛排真的不是一件难事。

在第一部分，我们会一起了解与牛排有关的所有基础知识。第二部分主要介绍牛排的各种烹调方法。紧接着再参照第三部分中的食谱，就可以运用新学到的知识来进行烹饪啦。此外，美制、英制单位与公制单位的换算见 P129。我相信，无论朋友、家人还是你自己，都一定会爱上这些美味。

牛排烹饪这项技能，可以陪伴你终身。让我们一起进入牛排的世界吧！

目 录 CONTENTS

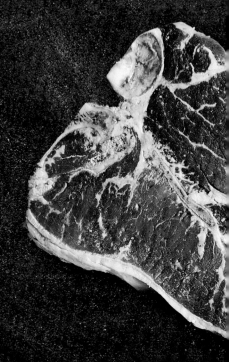

1 / 001 第一部分 牛排入门

第二部分 家庭牛排烹饪技巧 + 食谱

2 / 013

第三部分
更多食谱

3 / 047

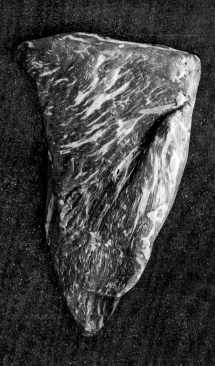

PART

1

第一部分

牛排入门

GETTING STARTED

黑椒牛排沙拉佐蓝纹芝士酱 P055

第 **1** 章

牛排基础知识
Steak Know-How

在这一章中，我们将一起了解不同种类牛排的主要特点，还将了解各种牛排分别来自牛身上的什么部位，这可以帮助我们选定烹饪方法、火力和烹饪时长。

什么是"排"（Steak）

让我们给Steak这个词下个定义吧。如此浅显易懂的单词，似乎无须定义，但为了之后的叙述更加清晰，我们还是先花点时间较个真儿。韦氏词典中是这样解释的：Steak是从牛畜体的肉质部分切下的一片肉。但事实上，除了牛肉，Steak还可以用来指代其他片状肉类（火腿排）、大型鱼类的鱼段（剑鱼排或金枪鱼排）、牛肉碎（索尔兹伯里牛肉饼），甚至"经过烹饪的非肉类饼状食品"（如以豆腐、波特贝勒菇或兵豆为原料制成的菜肴）也可称为Steak。

本书中包含的65道食谱，其主食材大多符合上述第一种定义，也就提到Steak时大家最先想到的"牛排"。牛排还可细分为菲力牛排、红屋牛排、肋眼牛排和丁骨牛排等种类。同时，书中也介绍了一些相对不那么典型的"Steak"，如索尔兹伯里牛肉饼、油炸牛排、猪排，甚至还有一些纯素食菜肴。

牛排的种类

在决定一块牛排的烹饪方法、火力和烹饪时长之前，最好先了解一下它来自牛身上的哪个部位，这有助于我们做出更明智的选择。高级牛排一般来自牛身的上半部分。这些位置的牛排拥有丰富的大理石花纹（意味着油脂充分），并且口感细嫩，因此通常被认为品质上乘。菲力牛排、纽约客牛排、红屋牛排、肋眼牛排、丁骨牛排以及牛里脊都属于高级牛排。由于市场需求量大，这些牛排的售价往往比较高。当然，牛的年龄和肉质嫩度也会影响其价格。

屠夫牛排大多来自牛身的下半部分，包括腹勒肉牛排、厚裙牛排、平铁牛排、沙朗牛排、裙肉牛排和嫩角尖沙朗牛排。这些牛排价格实惠，味道好，也很受欢迎。

接下来，我们就来具体了解一下不同种类牛排各自的主要特点和最恰当的烹饪方法吧。

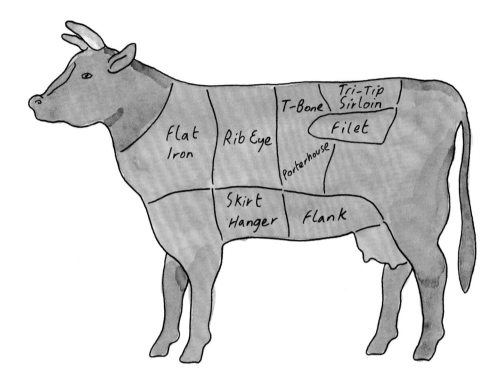

Flat Iron：平铁牛排　　　　Rib Eye：肋眼牛排

Skirt：裙肉牛排　　　　　　Hanger：厚裙牛排

T-Bone：丁骨牛排　　　　　Porterhouse：红屋牛排

Flank：腹勒肉牛排　　　　　Tir-Tip：嫩角尖沙朗

Sirloin：沙朗牛排　　　　　Filet：菲力牛排

肋眼 RIB EYE

位　　置：肋脊部

英文别名：COWBOY CUT，COWBOY RIB EYE，DECKLE STEAK，SCOTCH FILLET

中文别名：肉眼牛排，眼肉牛排

主要特点：

肉质厚实、软嫩多汁，大理石花纹极其丰富。位置在第6~12根肋骨，带肋骨切割成牛排。

推荐烹调方法：

烧烤，油煎，先煎后烤，低温慢煮。

食谱：

阿尔弗雷德白酱牛排意面（P061），油炸去骨肋眼牛排（P043），费城芝士牛肉三明治（P056），蒙古牛肉（P058），蒙特利风味烤肋眼牛排佐香脂醋煸蘑菇洋葱（P068），低温慢煮肋眼牛排佐蘑菇香脂醋酱（P062），美式西南风味炖牛肉（P060）。

> 肋眼牛排由三个部分组成：骨头、附着在骨头上的大块眼肉芯，以及眼肉盖。眼肉盖是牛的背棘肌，被公认为是肋眼牛排中最美味的部分，所以其单独售价往往很高。市售的肋眼牛排基本分为两种，一种是经过修边的整块肌肉，一般呈柱形；还有一种是约1英寸厚的长条形。眼肉盖的口感和菲力一样软嫩，又保留了肋眼的风味与多汁，适合高火快烹。

菲力牛排 FILET MIGNON

位　　置：牛肾后的前腰脊部，髋骨到第13根肋骨之间

英文别名：BEEF TENDERLOIN，CHATEAUBRIAND，TENDERLOIN ROAST，
　　　　　TENDERLOIN STEAKS，WHOLE FILET

中文别名：免翁牛柳

主要特点：

较长，无骨，多为厚切。切开后截面一般呈深粉色，布有细细的脂肪纹。菲力
多汁软嫩，非常适合切厚片。

推荐烹调方法：

牛里脊或纯菲力最适合高火或中高火烹调。

整块牛里脊可放入烤箱进行烤制。单份牛排可采取油煎、烧烤或先煎后烤的方
法烹调。

食谱：

大蒜迷迭香菲力牛排（P030）、蒜香整烤牛里脊（P066）、香煎菲力牛排（P037）、
蒜香慢炖土豆菲力（P069）、黛安牛排（P064）、鞑靼牛排（P045）。

丁骨牛排 / 红屋牛排 T-BONE/PORTERHOUSE

位　　置：前腰脊部

英文别名：DATE STEAK

中文别名：T骨牛排

主要特点：

丁骨牛排和红屋牛排中都带一块T形骨，骨头两边分别是菲力牛排和纽约客牛排。
红屋牛排取自前腰脊后端。丁骨牛排则来自前腰脊前端，由一小块牛里脊（菲
力）和一大块前腰脊肉（纽约客）组成。和丁骨牛排相比，红屋牛排中里脊所
占的比例要更大一些。

按照美国农业部（USDA）的标准，里脊部分的宽度达到1.25英寸的牛排才能
称作红屋牛排，达到0.5英寸才能称作丁骨牛排。

推荐烹调方法：

这两种牛排都非常适合干热烹饪，如烧烤。骨头将热量传导至牛排内部，使加
热更均匀，不易干柴。

食谱：

红屋牛排佐奶油胡椒蘑菇酱（P052），丁骨牛排佐法式伯那西酱（P051）。

沙朗牛排 SIRLOIN

位　　置：后腰脊部，位于前腰脊部的正后方。这个部位可以切分出数种牛排。上后腰脊肉是沙朗中最嫩的部分，下后腰脊肉的肉更多，但肉质会硬一些

英文别名：BEEF SIRLOIN STEAK, PETITE SIRLOIN, RUMP, SIRLOIN STEAK, SIRLOIN TIP ROAST, TOP SIRLOIN

中文别名：臀腰肉

主要特点：

无骨，肉质偏瘦，蛋白质含量高。相比其他部位，沙朗牛排的脂肪含量较低，大理石花纹没有那么丰富。尽管如此，沙朗牛排还是非常软嫩多汁的，且风味十足，极其美味。

推荐烹调方法：

适合所有烹饪方法。沙朗牛排适合腌制后高火烧烤或油煎，也适合低温慢煮或油炸。

食谱：

传统俄式酸奶油烩牛肉（P091），牛肉什锦蔬菜卷（P074），柠檬胡椒小沙朗（P033）。

嫩角尖沙朗 TRI-TIP

位　　置：沙朗底部的三角尖端

英文别名：BOTTOM SIRLOIN, CULOTTE, CALIFORNIA'S CUT, NEWPORT STEAK, SANTA MARIA STEAK, SIRLOIN BUTT, SIRLOIN TIP, TOP SIRLOIN

中文别名：三角肉，三岔牛排

半边牛只能切出一块嫩角尖沙朗，因此这个部位过去很少在市场上售卖，屠夫们会留下它用来炖肉。如今，嫩角尖沙朗已成为一种常见食材，市场需求量也很大

主要特点：

嫩角尖沙朗分量不大，呈三角形，口感嫩，风味浓郁。虽然比较瘦，但也含一些脂肪，保证了牛排的多汁软嫩。可以买一整块嫩角尖沙朗回来烤制，也可以买切成片的牛排。嫩角尖沙朗非常容易入味，提前腌制或烹饪时调味皆可。

推荐烹调方法：

上火烤，油煎，烟熏。

食谱：

烤嫩角尖沙朗佐阿根廷青酱（P080），烟熏嫩角尖沙朗（P094）。

平铁牛排 FLAT IRON

位　　置：肩胛部

英文别名：BLADE ROAST，BOOK STEAK，BUTLER STEAK，CHUCK CLOD，
　　　　　LIFTER ROAST，LIFTER STEAK，OYSTER BLADE STEAK，PETITE
　　　　　STEAK，TOP BLADE FILET，SHOULDER TOP

中文别名：牡蛎肉，板腱牛排，嫩肩里脊

主要特点：

近长方形，有丰富大理石纹，牛肉风味浓郁。平铁牛排极其鲜嫩多汁，也非常百搭，能很好地吸收配料的味道。

推荐烹调方法：

平铁牛排适合高温烹调，加热时间不宜过长，宜烧烤或油煎。三成熟（中心温度130~135℉）时，最为软嫩多汁。

食谱：

芦笋红椒炒牛肩肉（P084）。

腹勒肉牛排 FLANK

位　　置：腹部

英文别名：BAVETTE, FLANK STEAK FILLET, JIFFY STEAK, LONDON BROIL

中文别名：牛腩排，牛后腹肉排

主要特点：

瘦肉多，脂肪少，风味十足。呈深红色，肌肉纤维较长。一般长1英尺，厚1英寸。大多数人会选择购入整块腹肋肉，烹好后再顶着肌肉纹理切成薄片食用。腹肋肉可以很充分地吸收配料的味道，非常适合搭配墨西哥玉米卷，或者用来炒菜。

推荐烹调方法：

腹肋肉牛排肉质较硬，所以烹饪时要么快速高温加热，要么小火慢慢加热。猛火法（P028）就适合这种牛排。如果想速战速决，那就把这块肉架上烧烤炉。如果想慢慢来，就可以选择煨炖或烟熏。破坏肉中的结缔组织是做好这块牛排的关键。最好不要超过三成熟，否则会非常难嚼。

食谱：

酱烤腹肋肉牛排（P083），烤腹肋肉牛排佐玉米牛油果萨尔萨酱（P076）。

裙肉牛排 SKIRT

位　　置：胸腹部（即牛膈肌）

英文别名：ARRACHERA, ROMANIAN STEAK, ROMANIAN TENDERLOIN,
　　　　　PHILADELPHIA STEAK

中文别名：侧腹横肌牛排

主要特点：

裙肉牛排常被误认为腹肋肉牛排（位于腹部），裙肉牛排（膈肌）瘦肉多，结缔组织多，肌纤维也更硬。裙肉可分为内裙和外裙两种。外裙肉处理起来比较复杂，因此市场上见到的多为内裙肉。牛裙肉含有大量的脂肪，但它比腹肋肉牛排更考验食客的牙口。然而只要处理得当，就能激发出裙肉美妙的牛肉风味，在这一点上它同样胜过腹肋肉。在烹饪前，最好用柑橘类水果的果汁浸渍一下牛裙肉，这样有助于分解部分肌肉纤维。

推荐烹调方法：

高温烧烤或高温油煎。

食谱：

高压锅牛裙菲希塔（P095），美式西南风味香辣可可烤牛裙（P086），西蓝花牛肉面（P081）。

厚裙牛排 HANGER

位　　置：胸腹部（位于肋脊部和腰脊部之间，对横膈起支撑作用）

英文别名：HANGING TENDER，HANGING TENDERLOIN，LOMBATELLO，
　　　　　ONGLET，SOLOMILLO DE PULMÓN

中文别名：护心肉，封门柳，横膈膜中心肉

主要特点：

厚裙牛排易被错认为裙肉牛排或平铁牛排，与腹肋肉牛排看起来也十分相似。厚裙牛排呈V字形，尽管中间夹着一条无法食用的筋膜，口感依旧非常软嫩。厚裙牛排大理石花纹丰富，比牛裙肉和腹肋肉更嫩。可以提前用柑橘类水果的果汁或醋浸渍厚裙牛排，以激发它的独特美味。

推荐烹调方法：

高温上火烤。

食谱：

甜辣香烤厚裙牛排（P092），酸辣厚裙牛肉墨西哥玉米卷（P090）。

PART

2

第二部分

家庭牛排烹饪
技巧 + 食谱

MAKING STEAK AT
HOME + RECIPES

酸辣牛厚裙墨西哥玉米卷 P090

第 **2** 章

牛排的挑选、处理
和保存
Shop, Prep, and Store

这一章首先会介绍牛排的选购技巧。不同部位、不同等级的牛排之间存在各种各样的区别，掌握这些区别有助于我们选到一块合适的牛排。接下来会讲解如何对牛排进行预处理，为正式烹饪做好准备。同时还会讲一讲，如何在烹饪前和烹饪后恰当地保存牛排。牛排烹熟后可能一下子吃不完，所以了解一下熟牛排的保存方法很有必要。最后一起来学一学如何重新加热牛排，方便我们继续享用多汁鲜嫩的美味牛排。

牛肉铺老板的"行话"

各地的肉店或市场的肉档里,可能会贴着这样的标签:

黑安格斯/认证黑安格斯:安格斯牛肉的大理石花纹丰富,很受市场欢迎。只有纯种安格斯牛生产出的牛肉才能被称为安格斯牛肉。

除此之外,按照美国安格斯协会规定,只有肌肉状态、脂肪含量和肉块大小等10个项目都满足标准的牛肉,才能通过安格斯认证。

干式熟成:将牛肉储存在控温控湿的环境中,随着脂肪慢慢分解,水分不断蒸发,牛肉便会嫩化。这一过程一般需要30~40天。

谷饲牛肉:谷饲牛的主要饲料是玉米和大豆,牛体重增加的速度相对较快。

草饲牛肉:草饲牛的主要饲料是牧草。相对于谷饲牛,草饲牛体型更小,肉中所含脂肪总量也更少。

神户牛肉:神户牛属于日本和牛的一种。神户牛肉口感肥嫩,滋味浓郁,因而受到食客们的追捧,价格十分昂贵。

天然牛肉:任何不含人工添加剂、调味品或防腐剂的牛肉都属于天然牛肉。

有机牛肉:牛在养殖过程中接受100%有机饲料饲养,未经过基因改造,有充分的活动和进食空间,未注射过抗生素或激素,这样的养殖牛生产出的牛肉才可称为有机牛肉。

和牛牛肉:高级牛肉,产自四种特定品种的日本牛。大理石花纹极其丰富,以至于牛肉几乎呈白色,入口即化。

如何挑选牛排

挑选牛排，是一件让人不知所措又提心吊胆的事。牛肉等级，草饲、谷饲，还有认证安格斯、干式熟成以及和牛，面临五花八门的选项，我们到底该怎么选呢？

依据牛肉等级挑选牛排

美国农业部将牛肉品质划分为8个等级，为方便起见，我们介绍其中最常见的3个等级：极佳（PRIME）、特选（CHOICE）和优选（SELECT）。等级划分主要基于两个标准：大理石花纹密度以及屠宰时的牛龄。

"极佳"认证，只有最高品质的牛排才能得到美国农业部的"极佳"认证。这些牛排多来自膘肥体壮的年轻肉牛，口感柔嫩、多汁、风味浓郁，总量只占分级牛肉的2.9%。物以稀为贵，其价格也是最高的。

"特选"居于次位，其大理石花纹不如"极佳"牛排丰富，口感也就没有那么软嫩多汁。"特选"是店铺最常见的牛排等级，价格介于"极佳"和"优选"之间。

"优选"级牛排产量最大，脂肪含量相对较少。因为大理石花纹稀疏，"优选"牛排往往缺乏风味，也没有那么软嫩多汁，但同时价格也相对亲民。

通过观察挑选牛排

不是所有牛肉都参与分级，小肉档或当地农场出售的牛肉更是如此。通过仔细观察，我们也能选到一块上佳的牛排。

新鲜宰杀出来的牛肉，表面会略带紫色，暴露在空气中一段时间后，牛肉才会变成我们熟悉的鲜红色。有时候，我们也会碰到表面略带棕色的牛肉。按美国农业部的说法，鲜肉在冷藏过程中变色是正常现象，不必过于担心。我们还可以看一看牛排的大理石花纹，以判断牛排是否软嫩多汁。

闻气味也能帮助我们辨识牛肉的质量，正常生牛排不该有过于浓烈的气味。如果一块牛排散发出刺鼻的味道，说明它已经变质，还是赶紧丢掉吧。

其他种类的"排"

正如第1章中所述，Steak这个词还可以用于指代鱼、火腿、羊肉，以及牛肉馅、豆腐等制成的食物。本书中也会介绍一些这类食谱，包括索尔兹伯里牛肉饼、烤火腿排、金枪鱼排、羊排，等等。任何部位的牛肉末都能用来制作索尔兹伯里牛肉饼，可按个人口味进行挑选。我比较推荐牛肩肉，风味足，而且很容易买到。

打造自己的牛排厨房

合适的厨具是烹饪成功的基础条件，让我们一起看看制作牛排时都需要哪些厨房用具和调料吧。

必备厨房用具

为了让烹饪事半功倍，趁手的厨房工具必不可少。好消息是你可能已经拥有其中大部分的工具了。

锡纸：铺在烤盘上。

烤盘：烹饪前后牛排都需放在烤盘上静置。烤配菜时也要用到烤盘。

油刷：刷湿腌料时要用到油刷，也可以用来将干腌料刷均匀。

铸铁煎锅（13英寸）：可用来煎牛排，也可当作烤盘用。铸铁能承受高温，并且散热慢，能有效保温。

厨师刀：一把好的厨师刀用途十分广泛，可以用来切蔬菜，也可以用来切肉，或者剔去牛排上多余的脂肪。

砧板：处理肉或蔬菜时，都需要用到砧板。我建议厨房里至少要准备两块砧板，一块用来切生肉，另一块用来切蔬菜，避免交叉污染。

电子烧烤温度计：在烹饪过程中，可以用温度计来测量肉的中心温度。

隔热手套：烹饪时需要将手伸入高温烤箱中翻动牛排，还要抓着滚烫的煎锅柄，戴上隔热手套可以大大降低手和手臂烧伤的危险。

烤盘纸：制作香草黄油时需要用到烤盘纸，制作某些配菜时，也需铺上烤盘纸。

削皮刀：削皮刀比厨师刀小巧一些，可以用来给蔬菜削皮、切片。

食品密封袋（1加仑装）：把湿腌料或干腌料与食材一起放入密封袋中，进行腌制调味。

食品夹：给牛排翻面时要用到食品夹，把肉从锅中、烧烤炉上或者烤箱中取出来时也要用到它。我手边至少会准备两副食品夹。

进阶厨房用具

以下这些厨具并非烹饪牛排时的必备，但拥有它们就可以尝试更多不同种类的佳肴。

油炸锅：某些种类的牛排可以油炸，油炸锅还可以用来炸薯条。

烧烤炉：户外烤牛排必备。

高压锅：密封的高压锅可产生蒸汽压力，让烹饪更省时。

烟熏炉：烟熏炉要在户外使用，通过长时间低温慢熏，烹熟牛排（P029）

低温慢煮机及容器（12夸脱或18夸脱）：所谓低温慢煮法，就是将食材真空封装在食品袋中后隔水恒温加热。慢煮机与容器形成一套装置，将水保持在所需温度。

真空封口机：低温慢煮时，一定会用到真空封口机。腌制和冷冻肉类时，它也能派上用场。

必备调料

　　食材齐全的厨房是制作家庭美味的底气。备好下列调料，可以让烹饪牛排更轻松。

红糖、黄糖

黄油（含盐、无盐）

大蒜（鲜大蒜、大蒜粉）

橄榄油

迷迭香（鲜、干）

椒类（卡宴辣椒粉、粗黑胡椒粉、黑胡椒粒、辣椒片、白胡椒粉）

盐（喜马拉雅岩盐、犹太盐、海盐）

百里香（鲜、干）

切牛排的技巧

　　大快朵颐前，我们都需要先将牛排"切"开。事实上，在烹饪过程中，也要用到"切"这个动作。

顶纹切肉

　　牛排烹好后，要顶着牛肉的纹理来切片。特别是切腹肋肉牛排、厚裙牛排以及裙肉牛排时，更要遵循这一原则。牛的肌肉纤维非常柔韧有力，所以要切断以控制纤维的长度，便于咀嚼。

　　下刀前先找到牛排中平行排列的肌肉纤维，确认走向后，垂

直于走向将其切断。

切牛排时，握刀的方向稍稍倾斜，这样可将肌肉纤维破坏得更加彻底。可以选择用厨师刀来切牛排。

修去肥边

当处理一块含有大量额外脂肪（均匀分布在牛肉中的脂肪除外）的牛排时，要修去这些肥边，避免烹饪时油花四溅。溅油可能导致烫伤，还可能带来火灾。可以用去皮刀切去肥肉，但如果用剔骨刀，效果会更好。

专题 # 牛排的调制

调味
牛排在烹饪前和烹饪后都要调味。但烹饪前调味时，不宜提前太久撒盐，因为盐会让牛排脱水，"煮熟"牛排的表面。不同的烹饪方法需要搭配不同的调味方式，但说到底，简单才是最好的，粗盐和黑胡椒永远是我的优先选择。

腌制
腌制牛排至少需要4个小时，最好要腌12~24小时。腌制时间越长，肉的味道就越好。

盐制
盐制可分为湿制和干制两种方法，二者的区别主要体现在盐的作用上。所谓湿制法，就是将牛排浸入调配好的盐水中，让牛排吸收更多水分，增加汁水与嫩度。干制法的效果与湿制法相反，牛排中的汁水会被带出，但析出的肉汁与以盐为主的干腌料混合在一起后，又会被重新吸收回牛肉中去。高级牛排的口感已经足够嫩，风味也足，所以不适合湿制法。采用干制法，让干腌料渗透进肉中，可以给牛排带来更多风味层次。

断筋

在处理像腹肋肉牛排之类肉质比较结实的部位时，我们需要断筋这步操作，以此破坏牛肉中难以嚼碎的长纤维。取一把锋利的小刀，在肉的表面划上几道1/4英寸深的口子，之后再进行调味腌制。

牛排熟度

有些厨师会通过对比手掌触感来判断牛排的熟度。从我个人的经验来看，这种方法是有效的。具体做法如下：

- 将手掌向上摊开，放松。用另一只手的食指，按一按大拇指的掌根，触感应该很柔软。按一按烹饪中的牛排（迅速按一下是不会烫伤的），如果触感也一样柔软，那就是一成熟。

- 然后，按一按中指的掌根。如果牛排和这一块的触感相似，那就是三成熟。

- 接下来，按一按无名指的掌根。如果牛排和这一块的触感相似，那就差不多是五成熟。

- 最后，按一按小指的掌根。如果牛排和这一块的触感相似，那就是七成熟到全熟。

虽然这种方法快捷方便，但我并不建议初学者使用。最开始时，可以通过用电子烧烤温度计测量中心温度，来判断牛排的熟度。

一成熟（RARE）

三成熟（MEDIUM-RARE）

五成熟（MEDIUM）

七成熟（MEDIUM-WELL）

全熟（WELL DONE）

熟度	中心温度
近生	80~100℉（静置后为85~105℉）
一成熟	120~125℉（静置后为125~130℉）
三成熟	130~135℉（静置后为135~140℉）
五成熟	140~145℉（静置后为145~150℉）
七成熟	150~155℉（静置后为155~160℉）
全熟	160℉以上(静置后为165℉以上)

无线烧烤温度计非常方便，不用担心电线碍手碍脚。虽然探针刺穿牛排时确实会损失一些汁水，但如果使用的是极佳级或特选级的牛排（P017），那么这点损失无足挂齿，获得满意的熟度更为重要。

将探针从牛排侧面插入，并压向牛排中心，以获得最准确的中心温度。牛肉烹好后要静置，在静置过程中，中心温度还会继续上升。所以当牛排中心温度比预期熟度所对应的温度低3~5℉时，就可以结束加热了。油煎牛排（P034）时，我通常会依据油煎的时间来判断熟度。

如何保存牛排

牛排买回来后，如果打算过两天就进行烹饪，那就不要拆开包装，直接放入冰箱冷藏。将包装完好的生肉放入大碗或烤盘中，放入冷藏柜下层。放在碗中是为了防止牛肉血水漏出包装，这会导致冰箱中的细菌大量增长，污染其他食物。

还有一种比较常见的储存方法就是真空密封，隔绝空气的同时还能保存水分，有助于保持牛肉的新鲜口感。

生肉也可以冷冻保存。比如买了好几块肉的时候，我会取下原包装，将四五块肉作为一份，装进1加仑容量的食品密封袋中，再将它们塞进冰柜里。按照美国农业部的指导标准，生牛排冷冻最长时限为1年。

肉类解冻时，保证卫生安全最为重要。把冻肉放在冷藏柜下层，慢慢解

冻，2~3天后就可以用于烹饪了。如果赶时间，可以将冻肉连包装一起放在盛满冷水的大碗里，每30分钟换一次水。这样做可以避免解冻过程中产生较大的温度波动，防止细菌过快生长。

吃剩的牛排放凉后，放入密封容器中冷藏，可储存3天。

牛排再次加热，怎样做更美味

有些牛排分量大，一次吃不完，为了避免剩下的牛排变得又柴又硬，我们需要学会正确的再加热方法。我比较喜欢先把牛排放入烤箱中慢烤回温，再放入煎锅中大火煎出香味。具体做法如下：

将牛排放入铸铁煎锅或烤盘中，送进预热至250℉的烤箱中。牛排侧面插入电子烧烤温度计，待中心温度达到110℉（25~30分钟，取决于牛排厚度）时，取出牛排。煎锅中放入1汤匙橄榄油，放入牛排，两面各高火煎1~2分钟。

直接放入微波炉中加热的话，牛排的口感会变柴。为了避免这种情况，我们可以把牛排放入深口盘里，再倒入2~3汤匙的牛肉汤以保持牛肉水分。之后送入微波炉中火加热，20秒翻一次面，加热到牛排回温为止。

牛排烹饪方法+食谱

　　烧烤、油煎、上火烤、烟熏等方法都可以用于牛排烹饪，在后面的章节中我们将对此进行学习和练习。

　　食谱中会提供一些小技巧与小提示。"进阶小技巧"将助你成为牛排高级玩家。"省心小技巧"能帮你节省更多时间和精力。"混搭小建议"为你推荐了其他种类的牛排，可用来替换同一份食谱中的牛排。"食材准备小提示"可以让你在烹饪中少走弯路，少犯错误。有些配料比较难买，食谱中也会提供一些替代选项。

柠檬胡椒小沙朗牛排 P032

第 **3** 章

牛排的烤制与煎制
On the Grill and Stovetop

前面我们讨论了牛排的种类、挑选牛排的技巧，以及烹饪牛排所需的厨具和配料等内容。接下来要讲一讲各种牛排最合适的烹饪方法。在这一章中，我会介绍烧烤牛排和煎烤牛排中的油煎、煸炒、慢烤后煎和上火烤等方法。每种方法后都有练习食谱，可以边学边实践。

户外烧烤牛排

在户外烧烤牛排有以下几个好处。一是牛排中的部分脂肪经过烤制后，会化成油滴落下来，也就减少了我们对脂肪的摄入。二是配菜和甜点（水果）也可以和肉一起放在烧烤炉上烤，非常方便。三是天气炎热时，不用在厨房里做饭，能够保持室内凉爽。

如果用的是木炭烧烤炉，就需要先将木炭放入引火桶中加热点燃。具体操作如下：将引火桶倒放在烧烤炉的炉箅上，取1~2张报纸揉成一团，塞进桶底。之后将桶正过来，从顶部放入桶容量3/4的木炭块，从桶底缝隙间点燃报纸。待木炭温度升高（变红并冒烟）后，将它们集中倒在烧烤炉的一边，这样可以在烧烤炉上分出两个温度区。将炉箅架在木炭上方，盖上烧烤炉盖，预热至所需温度。烤肉时，直接把肉放在木炭堆正上方的炉箅上即可。如果不想让牛肉接触明火，就把肉放在离木炭远一点的地方。

如果用的是燃气烧烤炉，确保燃气罐安装到位后再掀开烧烤炉盖，打开煤气阀点火。转动旋钮调整好火力后，盖上盖子。待烧烤炉预热到需要的温度，就可以开始烤肉了。

烧烤牛排可具体细分出不少方法，下面列举几种最常见的方法。

猛火法 AFTERBURNER METHOD

在烧烤过程中用高温烈焰炙烤牛排，这种方法被称作猛火法。制作单份牛排或野营时，猛火法非常好用。

直炭法 DIRECTLY OVER THE COALS

法如其名，就是直接把牛肉丢在炭火上烤。

用这种方法烤出来的牛排带有木炭的烟熏味，而且烹饪比较迅速。

盐焗法 LOMO AL TRAPO

　　盐焗法的操作十分简单。给牛里脊裹上粗盐，再包上一块湿布，最后捆上麻绳固定。之后只要放在炭火上，静静等待牛肉达到理想熟度就可以了。有厚厚的盐壳保护，牛里脊也可以直接放在热木炭上进行烧烤。裹湿布是为了避免粗盐散开，保证盐壳形成。

专题 # 用烧烤炉改造烟熏炉

　　如果家里没有烟熏炉，却又想给牛排增添些烟熏味，或许可以试试将木炭烧烤炉改造成烟熏炉：

1. 取下烧烤炉上的炉箅。
2. 引火桶中放入木炭，加热（木炭量约为桶容积的1/3）。
3. 木炭温度升高后，取一个一次性锡纸烤盘，放在烧烤炉内的边角上。往烤盘里倒约2夸脱的水。
4. 把热木炭堆在烧烤炉的另一边。
5. 往木炭上撒一把烟熏木屑（约1杯）。
6. 架上炉箅。
7. 给牛排插上电子烧烤温度计后，放在锡纸烤盘正上方。盖上烧烤炉的盖子，拉开1/4的通风口，让空气流通。
8. 温度计显示达到预期温度后，立刻取出牛排。

让我们先来尝试一下户外烧烤的基础食谱吧。如果用的是牛里脊肉而不是纯菲力牛排，烹饪方法也可以换成盐焗法（P029）。

菲力牛排是口感味道最好的牛排之一。烹饪前先用橄榄油、新鲜大蒜和迷迭香腌制，再烤至恰当火候即可。入口即化的菲力牛排与家常土豆泥（P114）是绝配。

大蒜迷迭香菲力牛排
GARLIC-ROSEMARY FILET MIGNON

4人份　　　　　烹饪：15分钟

处理食材：10分钟，另需腌制4小时30分钟，静置牛排

10个	蒜瓣，切碎
2汤匙	新鲜迷迭香叶碎
4块（6盎司）	菲力牛排（约1英寸厚）
4茶匙	海盐
3茶匙	粗黑胡椒粉
2汤匙	橄榄油

1　取一只小碗，放入切碎的大蒜、迷迭香，拌匀。

2　取一只大碗，放入菲力牛排，撒上足量的盐和胡椒调味。用力按压，使调料附着在牛排两面。牛排两面刷上橄榄油，撒上拌匀的大蒜和迷迭香，轻轻按压。蒙上保鲜膜冷藏，至少腌制4小时，可提前一夜腌制。

3　揭去保鲜膜，室温静置牛排30~45分钟。

4 预热烧烤炉至400℉。

5 把牛排放在烧烤炉上，每面烤2~3分钟。牛排表面的蒜和迷迭香可能在翻面时掉落，这是正常的。将烧烤炉温度调低至350℉左右。从牛排侧面插入温度计，继续加热，直到中心温度达到预期熟度对应的温度（牛排中心温度与牛排熟度对照表见P023）。

6 取出牛排放入盘中，松松地盖上锡纸，静置5~7分钟后出餐。

室内烧烤牛排

　　如果没有室外烧烤炉，也可以利用厨房里的炉灶进行室内烧烤。只要挑对了烧烤盘，还能烤出漂亮的焦痕。

　　首先取烧烤盘或锅底带条纹的铸铁煎锅，中高火预热。有些大烧烤盘可盖住两个灶头，加热更均匀。预热4~5分钟后，用油刷在烧烤盘或煎锅底刷上2~3汤匙的植物油或黄油，防止牛排粘锅。调好味的牛排放入烧烤盘或煎锅中煎烤2~3分钟后，用食品夹给牛排翻面并继续加热，直到牛排达到预期熟度。

小试牛刀

在厨房里就可以烤出这份美味牛排，搭配上柠檬胡椒黄油配料即可享用。

柠檬胡椒小沙朗牛排
LEMON-PEPPER PETITE SIRLOIN

4人份	烹饪：10分钟	处理食材：10分钟，另需冷藏2小时

柠檬胡椒黄油配料

8汤匙	无盐黄油，室温软化
1汤匙	喜马拉雅岩盐
1汤匙	粗黑胡椒粉
1汤匙	柠檬皮碎

沙朗牛排配料

4块（4~6盎司）	小沙朗牛排
4茶匙	喜马拉雅岩盐
2茶匙	粗黑胡椒粉

柠檬胡椒黄油制作方法

1 取中等大小的碗，放入黄油、盐、粗黑胡椒粉和柠檬皮碎。使用电动搅拌器，低速搅拌，直到碗中食材完全混合均匀。（也可使用手持式电动搅拌器。）

2 把混合好的黄油倒在一小片烤盘纸上。从烤盘纸的一边开始卷起，小心地将其卷成圆柱形，然后扭转纸的两端，将混合物封住，至少冷藏2小时。

沙朗牛排制作方法

3　牛排表面各处均匀撒上盐和胡椒，调底味。

4　中高火预热烧烤盘。放入1汤匙黄油，待之融化。

5　分次放入牛排，每块牛排两面各煎烤3~4分钟即为五成熟，也可
　按个人喜好调整煎烤时间。取出牛排放入盘中，每块牛排上放1
　汤匙黄油，待黄油融化后立即上桌。（剩余的黄油密封冷藏，可
　储存2周。）

煎烤牛排

牛排还可以用煎锅煎或放入烤箱烤，这两种方法更加简单方便。我们当然可以单独使用其中一种方法，但两者结合在一起，更能各尽所长。比如先煎后烤，就可以轻松地烹出一份外焦里嫩的完美牛排。这种方法最适合用来烹制无骨牛排，如肋眼牛排。简单概括其做法，就是先将室温牛排放入煎锅中高温油煎，之后转进烤箱里用上火烤制，直到牛排达到理想的熟度。

具体步骤如下：首先预热烤箱。同时取一口可在烤箱中使用的煎锅，倒入橄榄油或黄油，高火加热，把锅烧热。往煎锅中滴一些水，如果发出咝咝声，说明温度已经够高了。用厨房纸轻拍牛排，擦去表面水分，在牛排两面撒上足量盐和胡椒调味后，放入预热好的煎锅中。如果同时煎多块牛排，确保它们之间间隔3~4英寸。牛排两面各煎3分钟左右。煎锅带牛排送进烤箱中，上火烤3分钟。用食品夹给牛排翻面后再烤3分钟，即为五成熟，也可按个人喜好调整加热时间。

油煎 PAN-SEARING

油煎让牛排外侧形成一层美味的焦壳，也赋予牛排更丰富的风味层次。油煎时，先要在煎锅中倒入植物油或黄油，高火加热。牛排擦干表面水分后撒上调料，再放入烧热的锅中，两面各煎数分钟（煎3~4分钟约为五成熟）。

烹饪前一定要擦干牛排表面的水分，水分会阻止美拉德反应的发生。轻轻擦去表面水分后，给牛排两面撒上足量调料，能让焦壳的风味更足。厚度在1~1½英寸之间的无骨牛排，比如菲力、纽约客或肋眼牛排，都非常适合油煎。

煸炒 SAUTÉING

与油煎不同，煸炒是在大号煎锅中放入少量植物油或黄油，并高火加热，以让食材达到外香里嫩的效果。煸炒与油煎的区别还体现在，油煎只是让牛排表面形成焦褐层，煸炒则要将牛肉烹熟。煸炒适用于任何部位的牛肉。

慢烤后煎 REVERSE SEARING

顾名思义，慢烤后煎法与先煎后烤法流程相反，牛排先在烤箱里慢烤，再放入热好的煎锅中煎制。这种方法的好处在于加热均匀，还能保证牛排的软嫩多汁。1~2英寸厚的极佳或特选牛排，以及略带大理石花纹的牛排，比如菲力、纽约客或肋眼牛排，都非常适合慢烤后煎法。

操作时，将调好味的牛排放入煎锅里，一起送入预热至250℉的烤箱中。当牛排中心温度比预期熟度对应的温度低10℉左右时，即可停止加热。待牛排快烤好时，再取一口煎锅，高火将锅烧热。取出牛排放入热锅中，两面各煎1分钟即为五成熟，也可按个人喜好调整加热时间。

专题 美拉德反应

不管你是否知道这个名词，大家在品尝食物时肯定都接触过美拉德反应。这种反应发生在各类食材的烹饪过程中，当然也包括肉类。美拉德反应是蛋白质和糖类之间的一种化学反应，它会使食材表面变成棕褐色，并赋予食材独特的风味。美拉德反应易与焦糖化反应混淆。糖类遇到高温后会产生焦糖化反应，而牛排表面深褐色、味香浓郁的焦壳，则是美拉德反应的产物。美拉德反应在250℉左右开始发生，在300℉左右达到顶峰。只有在温度、酸度和水分条件都合适的情况下，才会出现美拉德反应。烹饪前擦干牛肉表面的水分，是促进美拉德反应的重要一步。

上火烤 BROILING

使用烤箱烤制，让食材直接暴露在高温下，可以缩短烹饪时长。上火烤可以让食材边缘变得焦脆，所以我们用这种方法可以烤出芝士焗菜上完美的脆壳。上火烤牛排，同样也能让牛排表面变得更酥脆。鱼、家禽、猪排、蔬菜，以及一些红肉都适合上火烤。上火烤的温度通常为500~550℉。具体操作非常简单：将烤箱设置成上火烤模式，预热5~10分钟。将食材放入烤盘或煎锅中后送入烤箱，放在加热器正下方，加热至所需的熟度即可。烤制时将食材平铺开来，这样食材受热、上色会更加均匀。

小试牛刀

煎菲力牛排时放入一些橄榄油，更容易产生美拉德反应（P035）。加入新鲜的大蒜、百里香和迷迭香，可为牛排增加风味和香气。伴随着煎制完成，黄油也开始变得焦糖色，我们的手边就多出了一份美味多汁的完美牛排。搭配上味道浓郁的烟熏荷兰酱（P124），更加美味。

香煎菲力牛排
PAN-SEARED FILET MIGNON

4人份	烹饪：20分钟	处理食材：10分钟

4块	菲力牛排，室温
4茶匙	喜马拉雅岩盐
4茶匙	粗黑胡椒粉
1/4杯	橄榄油
6个	蒜瓣，去皮，拍碎
4枝	百里香
4枝	迷迭香
2汤匙	无盐黄油，切成小块

1　牛排表面各处均匀撒上盐和胡椒，调底味。

2　取大号煎锅，倒入橄榄油，中高火加热3~4分钟，将油烧热。

3　放入牛排，单面煎4分钟，形成焦壳。煎到约2分钟时，放入大蒜、百里香、迷迭香和一半的黄油块，均匀撒在牛排周围。牛排翻面，再煎5~6分钟。

4　把剩下的黄油放入煎锅中，此时黄油变为焦糖色。用勺子舀起锅中的油，浇在牛排上，多浇几次。

5　用食品夹慢慢翻动牛排，让牛排表面各处都被煎到。煎好后取出牛排，放入浅口盘中，静置5分钟后出餐。

油炸去骨肋眼牛排 P043

第 **4** 章

其他烹饪方法
Other Cooking Methods

这一章将介绍低温慢煮、油炸，以及鞑靼牛排的制作方法。
这些烹饪方法相对不那么常见，但制作出来的牛排同样
美味。

低温慢煮

低温慢煮是我最喜欢的牛排烹饪方法之一，准确的温度控制意味着准确的熟度。低温慢煮时，首先将食材真空密封，再隔水加热。低温慢煮机对水进行循环加热，并能够精准控制水温。低温慢煮曾是高级餐厅厨师专属的烹饪方法，但随着低温慢煮机价格越来越低，这种方法也开始走进大众家庭的厨房。低温慢煮可简单概括为以下四个步骤，具体操作还请参考所购机器的使用指南。

1. 把牛排和调料一起放入食品袋中，用真空封口机抽去袋中空气并密封。
2. 取大号容器，装满水，将慢煮机固定在容器上。对应想要的熟度，设定加热时间和水温。
3. 将真空袋放入水中加热，到时间后取出，此时牛排的中心温度应已达到设定温度。
4. 从袋中取出牛排，放在预热好的煎锅或烧烤炉上，每面煎烤30~45秒，形成金黄色的焦壳。

由于水温是恒定不变的，所以即使隔水加热数小时，肉的中心温度也不会变高，牛排也就不会煮老，这就是低温慢煮的妙处。任何部位或厚度的牛排都可以低温慢煮，用菲力、纽约客或肋眼牛排这类厚牛排的话，效果会更好。用烧烤或油煎等方法烹饪厚牛排，很难保证中心温度到位，同时牛排外部还不焦煳。低温慢煮法让牛排整体均匀受热，解决了这一问题。

使用低温慢煮法时，可参考下表来设定水温及加热时间。

熟度	水温	时间
全生~一成熟	120~128℉	1~2½小时
三成熟	129~134℉	1~4小时（水温低于130℉时为2½小时）
五成熟	135~144℉	1~4小时
七成熟	145~155℉	1~3½小时
全熟	156℉以上	1~3小时

小试牛刀

不论是多厚的牛排，都可以按这个食谱来烹饪。需要的工具有低温慢煮机、容量为12~18夸脱的容器、低温慢煮袋和真空封口机。

低温慢煮纽约客牛排
SOUS VIDE NEW YORK STRIP STEAK

2人份	烹饪：1小时	处理食材：15分钟

1块	纽约客牛排
2茶匙	犹太盐，分次使用
1茶匙	粗黑胡椒粉
1枝	迷迭香
2个	蒜瓣，去皮，拍碎
1汤匙	橄榄油

1 牛排两面均匀撒上1茶匙盐和1茶匙胡椒，调底味。

2 取低温慢煮袋或真空密封袋，放入调好味的牛排，将迷迭香和大蒜放在牛排上。用真空封口机将袋子抽真空封口，放在一旁备用。

3 容器中加入约2加仑的水。将低温慢煮机固定在容器上。对照想要的牛排熟度，设定水温及烹饪时间。

4 待水温达到设定温度后，将装有食材的密封袋放入水中，加热到计时结束。

041

5 取大号煎锅，放入橄榄油，高火加热2~3分钟，将油烧热。从袋中取出牛排，连同大蒜和迷迭香一起放入煎锅中。将剩下的1茶匙盐均匀撒在牛排上，煎1~2分钟。翻动牛排，确保侧面和边缘都煎到位。完成后立即出餐。

油炸牛排

万物皆可油炸——这句话绝对是真理，油炸牛排就是一个非常好的例证。如果你还没有试过油炸肋眼牛排或沙朗牛排，真的应该尝试一下。只要调味得当，牛排外侧的脆壳会非常美味，令人难以忘怀。如果喜欢七成熟到全熟的牛排，油炸是非常好的选择。

油炸牛排需要一口油炸锅或比较结实的深锅，以及2夸脱以上的高烟点油，比如花生油或芥花油。将油倒入锅中，如果使用的是油炸锅，油量应该达到最低线，之后将油热到375℉，如果用的是普通深锅，可用厨房温度计测量油温。将调好味的牛排放入油炸篮后浸入油中，也可直接放入油中。待牛排中心温度达到预期熟度所对应的温度后，立即用食品夹取出，放在厨房纸上沥去多余的油即可。

小试牛刀

油炸牛排的外层脆壳十分多汁，且出品稳定。调味重一些，脆壳会更加香脆美味。

油炸去骨肋眼牛排
DEEP-FRIED BONELESS RIB EYE

2人份	烹饪：10分钟	处理食材：10分钟

2夸脱	花生油或芥花油	**1** 锅中倒油，加热至375℉。
1块（6~8盎司）	去骨肋眼牛排，室温	**2** 牛排表面各处均匀撒上盐、胡椒粉、蒜盐和洋葱粉，调底味。
1茶匙	犹太盐	**3** 1英寸厚的牛排，油炸4~5分钟即为七成熟。
1茶匙	粗黑胡椒粉	1½英寸厚的牛排，油炸8~10分钟，即为五成
1/2茶匙	蒜盐	熟至七成熟。（如果不习惯依据烹饪时间来判
1/2茶匙	洋葱粉	断牛排熟度，可以先在油炸前往牛排里插一支电子温度计，再将牛排放进油炸篮中。）

食材准备小提示：油炸用油可以重复使用，并且使用次数也没有硬性规定。但反复加热后油脂会分解产生有害物，使用次数越多，产生的有害物就越多，所以一锅油我只用3次。油炸完后，待油完全冷却，再过滤倒入密封容器中，可室温储存2个月。

鞑靼牛排

　　鞑靼牛排由生牛肉末制成，虽然从技术层面来讲，其制作过程似乎算不上"烹饪"，但在高级法餐馆经常可以看到这道菜。鞑靼牛排别名又叫"老虎肉"，通常是全生的，有时也会稍加炙烤。因为鞑靼牛排是生的，所以也有人不放心其安全性。如果心存疑虑，可以请肉店老板帮忙选一块新鲜的优质牛肉。高品质的鞑靼牛排由极佳级生牛肉制成，冷藏冰镇后放上一个生蛋黄，即可出餐。我喜欢将鞑靼牛排作为开胃菜，或者放入肉食拼盘中。

小试牛刀

虽然并不是每个人都喜欢生牛肉，但鞑靼牛排是公认的高级美味，制作起来也很简单。我一般选择用菲力来做鞑靼牛排，在买肉时让老板帮忙用绞肉机把菲力打成肉馅。（食用生肉或未煮熟的肉类会增加食源性疾病的风险，不建议免疫功能低下的人群食用。）

鞑靼牛排
STEAK TARTARE

2人份	处理食材：15分钟，另需30分钟冷藏，冰镇牛排

8盎司	菲力牛排，绞碎
5个	蒜瓣，切末
2茶匙	新鲜火葱头末，可酌情添加用量
2茶匙	刺山柑，整颗使用或捣碎使用，可酌情添加
2茶匙	新鲜龙蒿叶末，可酌情添加
1汤匙	第戎芥末
1茶匙	鲜榨柠檬汁
1茶匙	喜马拉雅岩盐
1茶匙	粗黑胡椒粉
1个	蛋黄（大）（可选）
适量	饼干或帕马森芝士脆片，供佐食

1　取小碗，放入菲力肉末、大蒜、火葱头、刺山柑、龙蒿叶末、第戎芥末、柠檬汁、盐和黑胡椒粉，搅拌均匀。

2　取一只长盘，放上直径2英寸的饼干模具。

3　把拌好的肉馅装进饼干模具中，压实。轻轻取下模具。

4　将蛋黄（如使用）放在鞑靼牛排上。按个人口味，在牛排周围另外放上刺山柑、龙蒿叶末和火葱头末。一起放入冰箱冷藏30分钟。冰镇好后，搭配上饼干或帕马森芝士脆片，即可出餐。

食材准备小提示：蛋清可密封保存，冷藏时间不超过4天的话，还可用在别处。

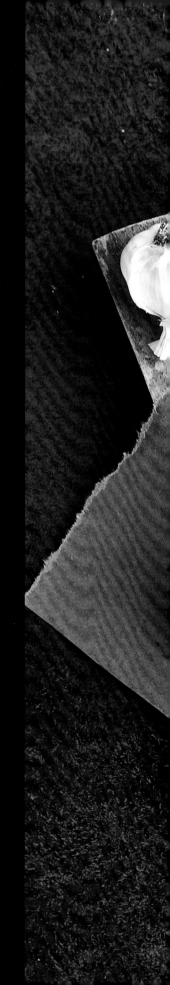

3

第三部分

更多食谱

MORE
RECIPES

丁骨牛排佐法式伯那西酱 P051

第5章

高级牛排
Premium Steaks

只要遵循以下三个步骤，就一定能制作出完美的牛排：给牛排调味，油煎引发美拉德反应（P035），放入烤箱烤制。简单调味的煎牛排搭配香脂醋煸蘑菇洋葱（P115），十分完美。

香煎纽约客牛排佐大蒜迷迭香黄油
PAN-SEARED NEW YORK STRIP WITH GARLIC-ROSEMARY COMPOUND BUTTER

4人份	烹饪：30分钟	处理食材：5分钟

1汤匙	犹太盐
1汤匙	粗黑胡椒粉
1茶匙	大蒜粉
4块（每块6~8盎司）纽约客牛排	
2汤匙	橄榄油
4汤匙	大蒜迷迭香黄油（P127）

1　上火预热烤箱。

2　取一只小碗，放入盐、胡椒粉和大蒜粉，混合拌匀。

3　用厨房纸轻拍牛排表面，吸去多余水分。牛排两面撒上混合好的调料，调底味。

4　取大号铸铁煎锅，倒入橄榄油，中高火预热至少3分钟，将油烧热。

5　锅中放入牛排，两面各煎3~4分钟。

6　牛排连同煎锅一起放入烤箱，上火烤5~7分钟即为五成熟，也可按个人喜好调整烤制时间。

7　每块牛排上放1汤匙大蒜迷迭香黄油，黄油会逐渐融化。

> 食材准备小提示：至少提前2小时准备好大蒜迷迭香黄油，放入冰箱中冷藏备用。

这道烤牛排做法简单，口感软嫩惊艳。烹饪前尽量擦干牛排表面的水分，这是制作成功的关键。先烤箱低火慢烤牛排，之后取出油煎，完成后搭配上醇厚的法式伯那西酱，即可享用。

丁骨牛排佐法式伯那西酱

T-BONE STEAK WITH BÉARNAISE SAUCE

4人份	烹饪：1小时	处理食材：5分钟，另需2小时调味腌制牛排

4块	丁骨牛排
1汤匙	犹太盐
2茶匙	粗黑胡椒粉
2汤匙	橄榄油
1份	法式伯那西酱（P120）

1　在牛排两面均匀撒上盐和胡椒，调底味。取一只烤盘，放上金属烤网，再放上牛排，不加盖冷藏2小时。

2　225℉预热烤箱。

3　从冰箱中取出烤盘送入烤箱，烤50分钟左右即为五成熟。也可以插入电子温度计，待牛排中心温度比预期熟度所对应的温度低15℉时，即可停止加热。

4　待牛排快烤好时，取大号煎锅，倒入橄榄油，高火加热2~3分钟，把油烧热。

5　分次放入牛排，两面各煎4~5分钟，侧面煎20秒左右即可。取出牛排放入盘中，浇上温热的法式伯那西酱即可出餐。

> 食材准备小提示：丁骨牛排可换用菲力牛排、纽约客牛排、红屋牛排或肋眼牛排。

我保证这会是你吃过的最美味的红屋牛排。牛排高火烤成后，浇上美味的胡椒蘑菇酱，搭配烤土豆泥（P113）一起出餐。

红屋牛排佐奶油胡椒蘑菇酱

PORTERHOUSE STEAK WITH CREAMY PEPPERCORN-MUSHROOM SAUCE

4人份	烹饪：20分钟	处理食材：25分钟

牛排配料

4块	红屋牛排
1/4杯	橄榄油
2茶匙	犹太盐
2茶匙	粗黑胡椒粉

胡椒蘑菇酱配料

1罐（10.5盎司）	法式牛肉清汤
1杯	（可打发的）重奶油
3汤匙	有盐黄油
2个	蒜瓣，切末
1汤匙	黑胡椒碎

牛排制作方法

1. 调节烤箱内烤架的位置，使之与上加热管之间保持至少5英寸的距离。将煎锅放在烤架上，上火预热20分钟。

2. 牛排两面刷上橄榄油，表面各处均匀撒上盐和胡椒，调底味。把牛排放入预热好的煎锅中，上火烤3分钟后翻面，再烤3分钟。

3. 烤箱调为上下火模式，温度调至500℉。

4. 选一块牛排，从侧面插入烤箱用电子温度计。上下火500℉烤5分钟左右即为五成熟，也可按个人喜好调整加热时间。烤好后取出牛排，放入盘中，盖上锡纸备用。

1/2杯	新鲜白蘑菇片
2茶匙	通用面粉
适量	犹太盐
适量	粗黑胡椒粉

胡椒蘑菇酱制作方法

5　取刚刚用过的煎锅（注意锅柄会很烫），高火加热。倒入牛肉清汤，用铲子刮起锅底的焦褐物。清汤煮开后，再煮2~3分钟收汤。

6　倒入重奶油、黄油、大蒜、胡椒碎和蘑菇，搅拌加热1~2分钟。

7　倒入面粉，继续搅拌加热2~3分钟，直到酱汁开始变稠，关小火煮1~2分钟。尝一尝味道，酌情放入适量盐和胡椒粉调味。完成后浇在牛排上，即可出餐。

混搭小建议：红屋牛排可换用纽约客牛排、肋眼牛排、沙朗牛排或丁骨牛排。如果没有法式牛肉清汤，可用普通牛肉汤代替。

这道卡真牛排不是很辣，但风味十足，小朋友们非常爱吃，且制作简单方便，适合家庭烹饪。搭配米饭，更加满足！

奶油卡真牛排

CREAMY CAJUN STEAK BITES

5~6人份	烹饪：35分钟	处理食材：10分钟

1汤匙	红糖
1汤匙	卡真调料
2茶匙	犹太盐
2茶匙	大蒜粉
2茶匙	洋葱粉
2茶匙	红椒粉
1/4茶匙	卡宴辣椒粉
4块（4~6盎司）	纽约客牛排，切2英寸见方的块
1/4杯	橄榄油，可酌情增加
5个	蒜瓣，切末
1汤匙	无盐黄油
1/4杯	（可打发的）重奶油

1. 取一只大碗，放入红糖、卡真调料、盐、大蒜粉、洋葱粉、红椒粉和卡宴辣椒粉，混合搅拌均匀。加入牛肉块颠拌，使调料均匀附着在牛肉上。

2. 取大号煎锅，倒入橄榄油，中高火加热。放入蒜末，煸炒1分钟。

3. 分次加入调好味的牛排，每面煎3~4分钟。如果煎干冒烟了，就再倒些油。牛肉块煎好后取出备用。

4. 调中火，放入黄油，待其融化。倒入重奶油，搅拌均匀。把牛肉放回煎锅中，均匀裹上酱汁。

省心小窍门：让肉店老板帮忙把牛排切成2英寸见方的块。

混搭小建议：纽约客牛排可换用肋眼牛排或沙朗牛排。

这道沙拉适合搭配调味清淡的煎牛排。加入芝士碎和热热的脆培根，增加沙拉口感和风味的同时，更显制作者的用心。

黑椒牛排沙拉佐蓝纹芝士酱
BLACK AND BLUE GRILLED STEAK SALAD

4人份	烹饪：15分钟	处理食材：20分钟

2汤匙	橄榄油	**1** 预热烧烤炉至400℉，或中高火预热烧烤盘。
8杯	切碎的罗马生菜	**2** 取一只大碗，放入生菜、洋葱、番茄、蓝纹芝士、培根和面包丁（若有），颠拌均匀。蒙上保鲜膜，冷藏备用。
1/2个	红洋葱，切片	
1杯	樱桃番茄，对半切开	**3** 牛排两面刷上橄榄油，撒上盐和胡椒调味。
1/3杯	蓝纹芝士碎	**4** 把牛排放在烧烤炉上，两面各烤2~3分钟。将烧烤炉温度调低至300℉左右，继续烤3~5分钟即为五成熟，也可按个人喜好调整烤制时间。烤好后取出牛排放入盘中，静置2~3分钟后切段。
12片	培根，煎熟切碎	
1杯	油炸面包丁(可选)	
2块（6~8盎司）纽约客牛排		
1茶匙	犹太盐	**5** 沙拉分成4份，装盘。每盘沙拉上放一份切好的牛排，配上沙拉酱即可出餐。
1茶匙	粗黑胡椒粉	
适量	蓝纹芝士酱或牧场沙拉酱，供佐食。	

> 省心小窍门：让肉店老板帮忙把牛排切成2英寸见方的块。
> 混搭小建议：同食谱可换用肋眼牛排或沙朗牛排。

跟着这个食谱，在家也能做出不逊色于餐厅的美味三明治。三明治的芝士牛肉内馅由切成薄片的肋眼牛排、焦糖洋葱和波罗夫洛芝士制作而成。三明治面包表面刷上蒜香黄油，煎香后夹入芝士牛肉。牛肉软嫩多汁，极其美味。可搭配烤薯角（P112）一起享用。

费城芝士牛肉三明治

PHILLY CHEESESTEAK SANDWICHES

6人份	烹饪：45分钟	处理食材：20分钟

4汤匙	橄榄油，分次使用
1个	甜洋葱（大），切丁
4磅	去骨肋眼牛排，顶纹切成薄片
2茶匙	犹太盐
2茶匙	粗黑胡椒粉
4汤匙	大蒜迷迭香黄油（P127），融化
6个	三明治面包，纵向对半切开
6片	波罗夫洛芝士（PROVOLONE CHEESE）
6汤匙	烟熏红椒蒜泥蛋黄酱（P118）

1 取中等大小的煎锅，放入2汤匙橄榄油，中火加热。放入洋葱，煸炒10~12分钟，使洋葱焦糖化。煸炒好后倒出洋葱，放入小碗中备用。

2 调中高火，再放入1汤匙橄榄油，烧3分钟左右，将油烧热。

3 将牛肉一片片放入锅中，每片牛肉之间不要重叠，煎3~4分钟后翻面。放入盐和胡椒调味。待牛肉全熟变色后，酌情加入剩下的1汤匙橄榄油。牛肉片盛入盘中备用。煎锅不洗，备用。

4 用油刷在面包表面均匀刷上大蒜迷迭香黄油。

5 另取一口煎锅，放入面包，中火煎烤表面约2分钟，待表面变成
淡金黄色即可。

6 取刚刚煎牛肉的锅，调中火。放入3/4杯牛肉片（一份三明治的
量），加入2汤匙焦糖洋葱，煸炒30秒。

7 放上1片波罗夫洛芝士，待其融化。

8 烤好的面包里薄薄涂上一层蒜泥蛋黄酱（约1汤匙），之后加入芝
士牛肉。剩余几份三明治也如法炮制。完成后立即上桌。

> 省心小窍门：将牛排用保鲜膜包裹起来，冷冻30分钟后切片，会更
> 加轻松。或者让肉店老板帮忙切好，这样更方便。

这道名叫蒙古牛肉的炒菜，其实起源于中国台湾。我会挑选肋眼牛排，将其切成薄片来做这道菜，这也是我父亲最喜欢的牛肉菜。放入姜蒜爆香，为菜肴增香添味。最后把炒好的牛肉盖在泰国香米饭或印度香米饭上，即可享用。

蒙古牛肉

MONGOLIAN BEEF

6人份	烹饪：20分钟	处理食材：15分钟

2磅	去骨肋眼牛排，切1/4英寸厚的片	I 取1加仑容量的食品密封袋，放入牛肉片和玉米淀粉，密封。摇晃袋子，让牛肉表面裹匀淀粉，备用。
3汤匙	玉米淀粉	
4汤匙	橄榄油，分次使用	2 取小号平底深锅，放入2汤匙橄榄油，中高火加热3~4分钟，将油烧热。放入蒜末姜末，煸炒1~2分钟。加入1/3杯酱油、水、红糖和辣椒片，搅拌加热7~10分钟，酌情调整火力大小，直到酱汁变稠。
5个	蒜瓣，切末	
2汤匙	去皮鲜姜末	
1/3杯又2汤匙	酱油	
1/3杯	水	
1/3杯	红糖（压实）	3 酱汁煮好后，取大号煎锅，放入剩下的2汤匙橄榄油，中高火加热3~4分钟，将油烧热。放入牛肉，煸炒3~5分钟。
1/4茶匙	辣椒片	
4~5杯	一口大小的西蓝花块	

1罐头（5盎司）马蹄片，沥干使用

4根　　　大葱，取葱白葱叶，
　　　　　切成薄片

4 锅中放入西蓝花、马蹄，与牛肉一起翻炒3~10分钟，直到西蓝花开始变软。

5 锅中倒入酱汁和剩余的2汤匙酱油，与食材翻炒匀后煮4~5分钟，直到酱汁变稠，西蓝花变软。最后撒上葱片，即可出餐。

进阶小技巧：如果想要酱汁再浓稠一些，可以取1½茶匙玉米淀粉和1汤匙水，将二者混合拌匀后倒入酱汁中，高火加热，至酱汁变稠。

混搭小建议：同食谱可换用平铁牛排或厚裙牛排。

做辣味炖牛肉或者牛肉炖菜时，大家一般会选择用碎牛肉或牛肩肉。但我喜欢用品质较好的、带大理石花纹的牛肉，给菜肴增加更多风味。皮坎特辣酱（PICANTE SAUCE）给这道炖菜增添了一些刺激——注意用的不是萨尔萨酱（SALSA）。搭配热乎乎的玉米面包、米饭或面条一起享用。也可以放上擦丝芝士或酸奶油，给菜肴带来新的风味。

美式西南风味炖牛肉
SOUTHWESTERN STEAK STEW

5~6人份	烹饪：3小时	处理食材：15分钟

2汤匙	橄榄油
2磅	去骨肋眼牛排，切2英寸见方的块
1/2个	黄洋葱，切丁
1罐头（28盎司）	小番茄丁，汁水留下备用
1罐头（16盎司）	斑豆，沥干冲洗后使用
1罐头（16盎司）	玉米粒，沥干冲洗后使用
1杯	皮坎特辣酱（中辣）
3/4杯	水
1茶匙	盐
1/2茶匙	辣椒粉
1/2茶匙	孜然粉
1/2茶匙	大蒜粉

1　取大号煎锅，倒入橄榄油，中高火加热3~4分钟，将油烧热。

2　锅中放入牛肉块，每面煎1~2分钟。煎好后取出放在厨房纸上，吸去多余的油。

3　取一只大汤锅或荷兰锅，放入牛肉，加入洋葱、带汁水的番茄、斑豆、玉米、皮坎特酱、水、盐、辣椒粉、孜然和大蒜粉，搅拌均匀。大火烧开后，调中低火，盖上锅盖继续炖煮2~3个小时，中途不时搅拌，防止糊锅。煮到牛肉软烂，汤汁变稠即可。

人人都爱美味的意大利面，搭配牛排能够带来更多味觉上的惊喜。这份食谱的灵感来自富兰克林小餐馆（FRANKLIN CHOP HOUSE）的主厨肖恩·梅利亚，我曾在那家餐馆工作过。这道意面的食材包括切成薄片的肋眼牛排、自制阿尔弗雷德白酱、洋蓟芯、风干番茄、蘑菇，还有意大利宽面条。白酱里加了较多的大蒜，风味浓郁。

阿尔弗雷德白酱牛排意面
CREAMY STEAK ALFREDO PASTA

6~8人份	烹饪：20分钟	处理食材：15分钟

1磅	意大利宽面条
1汤匙	橄榄油
2块（每块4~6盎司）	去骨肋眼牛排，切薄片
8汤匙（1根）	无盐黄油
5个	蒜瓣，切末
2杯	（可打发的）重奶油
2杯	新鲜帕马森芝士碎
1/2茶匙	犹太盐
3/4茶匙	粗黑胡椒粉
1瓶（6盎司）	洋蓟芯，沥干后切碎或对半切开
1杯	新鲜褐菇片
1/4杯	油浸风干番茄，沥干使用

进阶小技巧：搭配1/2杯黑橄榄片和1汤匙刺山柑，味道会更好。

1 大号汤锅中倒满水，大火烧开。放入意大利宽面条，按包装说明，将面条煮至筋道弹牙。捞出面条沥干，过冷水，备用。

2 煮面条的同时，取大号煎锅，放入橄榄油，中高火加热。放入牛肉煸炒5~7分钟，直到牛肉全熟变色。牛肉片盛入盘中备用。

3 同一口煎锅中放入黄油，中火加热。待黄油融化，加入大蒜，煸炒1分钟。倒入重奶油，搅拌加热1~2分钟。边搅拌边慢慢加入帕马森芝士碎、盐和胡椒。搅拌加热1~2分钟后，调小火。加入洋蓟芯、蘑菇和风干番茄，完成酱汁。

4 将牛排放入酱汁中，文火煮3~4分钟。最后盛出盖在宽面条上即可。

厚牛排特别适合低温慢煮，烹饪时应依据牛排熟度来设置加热温度（P040）。比如想烹出一份三成熟的牛排，就要将低温慢煮机的温度调到140℉。牛排煮好后淋上蘑菇香脂醋酱，一顿餐厅水准的家庭晚餐就大功告成了。

低温慢煮肋眼牛排佐蘑菇香脂醋酱

SOUS VIDE RIB EYE STEAKS WITH SAUTÉED MUSHROOMS AND BALSAMIC VINEGAR SAUCE

4人份	烹饪：1小时	处理食材：15分钟

牛排配料

4块（每块4~6盎司）去骨肋眼牛排	
8茶匙	犹太盐，分次使用
4茶匙	粗黑胡椒粉
4枝	迷迭香
4枝	百里香
8个	蒜瓣，去皮拍碎
4汤匙	橄榄油，分次使用

牛排制作方法

1　每块牛排表面均匀撒上1茶匙盐、1/2茶匙黑胡椒，调底味。

2　取2只低温慢煮袋或真空密封袋，每只袋中放入2块牛排，每块牛排上放1枝迷迭香枝、1枝百里香枝和2个蒜瓣。用真空封口机将袋子抽真空并封口，放在一旁备用。

3　容器中加入约2加仑的水。将低温慢煮机固定在容器上。对照想要的牛排熟度，设定水温及烹饪时间。

蘑菇香脂醋酱配料

2汤匙	无盐黄油，分次使用
4个	蒜瓣，切末
1杯	新鲜白蘑菇片
1/4杯	牛肉汤
1/4杯	香脂醋
1/4茶匙	犹太盐
1/4茶匙	白胡椒粉
1/4 杯	（可打发的）重奶油

4 待水温达到设定温度后，把装有食材的真空密封袋放入水中，加热到计时结束。

5 取大号煎锅，倒入2汤匙橄榄油，高火加热。

6 从袋中取出煮好的2块牛排，各均匀撒上1茶匙盐和1/2茶匙黑胡椒。从袋中取出香草，与牛排一起放入煎锅中。牛排两面各煎约30秒。煎好后取出牛排，放入盘中。

7 剩下2块牛排也如法炮制。

蘑菇香脂醋酱制作方法

8 在牛排煮好15分钟前，取中等大小的煎锅，放入1汤匙黄油，中火加热。带黄油融化，加入蒜末，煸炒1~2分钟。

9 加入蘑菇，煸炒5~6分钟，直到煸出大部分的汁水，且蘑菇开始变焦黄。

10 加入牛肉汤、香脂醋、盐和白胡椒粉。调中低火，煮8~10分钟，不断搅拌，耗去一半的汤汁。

11 调回中高火，放入重奶油，搅匀，烧开。调小火煮2~3分钟后停止加热。

12 加入剩下的1汤匙黄油，搅拌均匀，完成酱汁。浇在牛排上，即可出餐。

混搭小建议：同食谱可换用菲力牛排或纽约客牛排。

这道牛排餐厅的经典菜品，也能给家庭餐桌带来惊喜。由蘑菇、大蒜、牛肉汤、白兰地和奶油制成的酱汁，醇厚美味，是这道牛排的点睛之笔。搭配家常土豆泥（P114）和沙拉一起享用。

黛安牛排
STEAK DIANE

4~5人份	烹饪：30分钟	处理食材：15分钟

4块（每块6~8盎司）菲力牛排	**1** 4块牛排表面各处均匀撒上1½茶匙盐和1½茶匙胡椒粉，调底味。
3茶匙　犹太盐，分次使用	
3茶匙　粗黑胡椒粉，分次使用	**2** 取大号煎锅，放入2汤匙黄油，中高火加热。待黄油融化，放入牛排，两面各煎3~4分钟，侧面也要油煎。煎好后取出牛排，备用。
4汤匙（1/2根）无盐黄油，分次使用	
8盎司　新鲜白蘑菇片	
1个　火葱头，切末	**3** 煎锅中放入剩下的2汤匙黄油，加热融化。加入蘑菇、火葱末和蒜末。煸炒5~6分钟，直到食材变软。
5个　蒜瓣，切末	
1/3杯　白兰地	**4** 慢慢倒入白兰地，翻炒均匀。
1/3杯　（可打发的）重奶油	**5** 加入重奶油、牛肉汤、芥末、辣酱油、迷迭香，以及剩下的1½茶匙盐和1½茶匙胡椒。
1/4杯　牛肉汤	
1茶匙　第戎芥末	**6** 将牛排放入酱汁中，盖上锅盖。煮3~5分钟即为五成熟，也可按个人喜好调整加热时间。
1茶匙　辣酱油	
3枝　迷迭香，捋下叶子切碎，茎丢弃不用	

> **混搭小建议：** 同食谱可换用去骨肋眼牛排、纽约客牛排或沙朗牛排。可用干邑或红葡萄酒代替白兰地。

牛排表面刷上风味迷人的大蒜迷迭香黄油，慢烤后入口即化。上肋价格不低，但这份美味绝对值得一试，况且制作过程也很简单。软嫩多汁的牛排，可搭配烤土豆泥（P113）一起享用。

烤上肋佐辣根酱

OVEN-ROASTED PRIME RIB WITH HORSERADISH SAUCE

4~5人份	烹饪：35分钟	处理食材：5分钟，另需30分钟静置牛排

1块（4~5磅）	去骨上肋	
6个	蒜瓣，去皮拍碎	
1个	黄洋葱（小），切片	
1/4杯	大蒜迷迭香黄油（P127），室温软化	
1茶匙	新鲜百里香叶末	
1汤匙	新鲜牛至叶末	
1汤匙	犹太盐	
1汤匙	粗黑胡椒粉	
适量	酸奶油蒜泥辣根酱（P119），供佐食	

1 烹饪前取牛上肋放在盘中，室温静置30分钟。

2 450℉预热烤箱。

3 将大蒜和洋葱片铺在烧烤盘上。

4 取小碗，放入大蒜迷迭香黄油、百里香、牛至、盐和胡椒粉，混合搅拌均匀。整块上肋表面均匀抹上混合好的黄油后，将其放在铺有大蒜和洋葱的烤盘上，较肥的一面朝上。

5 送入烤箱烤20分钟。将温度调低至325℉，再烤13~15分钟即为五成熟，也可按个人喜好调整加热时间。

6 烤好后取出牛排，用锡纸盖住烤盘，静置15分钟后切片。搭配辣根酱一起出餐。

进阶小技巧：如果牛肉买回来时未被捆扎，可以自己用烹饪扎绳将肉捆住固定。这样能使牛肉在烹饪时更好地保持住内部的热量和压力，达到提升风味的效果。

先高火猛烤，后转低火慢烤，这样烤出来的牛里脊极嫩，用黄油刀都能切开。搭配凯撒沙拉佐蒜香白葡萄酒油醋汁（P117）一起享用。

蒜香整烤牛里脊

GARLIC-HERB ROASTED BEEF TENDERLOIN

6~8人份	处理食材：5分钟	烹饪：35分钟，另需10分钟静置牛排

4汤匙（1/2根）	无盐黄油，室温软化
4个	蒜瓣，切末
1汤匙	犹太盐
2茶匙	粗黑胡椒粉
1茶匙	干欧芹
1/2茶匙	干牛至
1/4茶匙	干百里香
1块（2~3磅）	牛里脊肉

1. 将烤盘架调整至烤箱内最上面一层，450℉预热烤箱。取一只烤盘，铺上一层锡纸，再放上一只金属烤网。

2. 取一只小碗，放入黄油、大蒜、盐、胡椒粉、欧芹、牛至和百里香，混合搅拌均匀。将混合好的黄油均匀抹在牛肉上，保证表面各处和缝隙都抹上黄油，之后将牛肉放在烤网上。

3. 将烤盘放在烤箱最上面一格，烤20分钟。将烤箱温度调低至350℉，再烤12~15分钟，即为五成熟。也可按个人喜好调整加热时间。

4. 取出烤好的牛排，盖上锡纸静置10分钟，切片出餐。

> 进阶小技巧：可以试一试用盐焗法（P029）进行烹饪。
> 省心小窍门：可以用大蒜迷迭香黄油（P127）代替本食谱使用的混合黄油。

复合高汤搭配香料一起慢炖出的牛肉，做成三明治自然也是回味无穷。选用牛上肋，可使口感鲜嫩多汁。搭配烤薯角（P112）一起享用，相得益彰。

法式蘸酱三明治

SLOW COOKER FRENCH DIP SANDWICHES AU JUS

6~8人份	处理食材：15分钟	烹饪：4小时

3磅	上肋牛排，切成薄片
1罐头（10.5盎司）	法式牛肉清汤罐头
1罐头（10.5盎司）	法式洋葱汤
1½杯	牛肉汤
1块	牛肉浓汤宝
3个	蒜瓣，切末
3枝	迷迭香
2枝	百里香
2片	月桂叶
1/2茶匙	粗黑胡椒粉
6个	三明治面包，纵向对半切开
6片	波罗夫洛芝士

1 上肋牛排切片后放入慢炖锅中，倒入牛肉清汤罐头、法式洋葱汤和牛肉汤，加入浓汤宝、大蒜、迷迭香、百里香、月桂叶和胡椒粉。盖上盖子，低火慢炖4小时

2 捞出牛肉，夹进三明治面包中，再夹上一片波罗夫洛芝士。

3 将慢炖锅中的汤汁倒进小碗中，供蘸食。

省心小窍门：请肉店老板帮忙把牛排切成薄片。如果没有法式牛肉清汤，可用等量牛肉汤代替。

混搭小建议：同食谱可换用牛肩肉或嫩角尖沙朗。先将烟熏红椒蒜泥蛋黄酱（P118）抹在三明治面包上，之后再夹入牛肉和芝士。

蒙特利牛排调料中使用的香料都十分常见，却能最大限度地激发出牛排的美味。一份蒙特利风味烤肋眼牛排，能毫无悬念地成就心满意足的一餐。

蒙特利风味烤肋眼牛排佐香脂醋煸蘑菇洋葱

MONTREAL GRILLED RIB EYE WITH SAUTÉED BALSAMIC MUSHROOMS AND ONIONS

4人份	处理食材：15分钟	烹饪：35分钟

2汤匙	橄榄油
1½汤匙	大蒜粉
1½汤匙	犹太盐
1汤匙	粗黑胡椒粉
1汤匙	芥子粉
2茶匙	干莳萝
2茶匙	烟熏红椒粉
1茶匙	洋葱粉
1茶匙	香菜籽粉
1茶匙	辣椒片
4块（每块4~6盎司）	去骨肋眼牛排
1份	香脂醋煸蘑菇洋葱（P115）

1 预热烧烤炉至400℉，或中高火预热烧烤盘。

2 取一只中等大小的碗，放入大蒜粉、盐、胡椒粉、芥子粉、干莳萝、辣椒粉、洋葱粉、香菜籽粉和辣椒片，混合均匀，制成干料。

3 所有牛排表面均匀刷上橄榄油，再均匀裹上干料。

4 把牛排放在烧烤炉上，两面各烤2~3分钟。将烧烤炉温度调低至300℉左右，两面各烤4~5分钟，即为五成熟，也可按个人喜好调整烤制时间。取出牛排放入盘中，静置2~3分钟。最后放上煸炒好的蘑菇洋葱，即可出餐。

进阶小技巧：可以试一试用直炭法（P028）进行烹饪。

这道炖牛肉风味十足，且制作起来十分轻松，是工作日晚餐的完美选择。菜肴柔嫩的口感会让人忘记这只是一道简单的牛肉炖土豆。使用慢炖锅，让烹饪过程更轻松。搭配抱子甘蓝培根沙拉佐香脂醋第戎芥末油醋汁（P116），便是丰盛的一餐。

蒜香慢炖土豆菲力

SLOW COOKER GARLIC-HERB FILET MIGNON AND POTATOES

4人份	处理食材：15分钟	烹饪：4小时

1½磅　　小土豆（如宝石土豆），洗净

4块（每块6~8盎司）菲力牛排，切2英寸见方的块

2汤匙　　橄榄油

2汤匙　　无盐黄油，室温软化

5个　　　蒜瓣，切末

1/2茶匙　干牛至

1/2茶匙　干罗勒

1/2茶匙　干莳萝

1/2茶匙　犹太盐

1/4茶匙　粗黑胡椒粉

1/4茶匙　意大利综合香料

1/4杯　　牛肉汤

1　取慢炖锅，放入土豆、牛肉块、橄榄油、黄油、大蒜、牛至、罗勒、莳萝、盐、胡椒、意大利综合香料和牛肉汤，搅拌均匀。

2　盖上盖子，低火炖4小时即可。

> 省心小窍门：3.5个小时后看一下锅内情况，防止牛肉和土豆煮过头。如果叉子能轻松地插进土豆里，就炖好了。

泰国红咖喱让这道烤串独具风味，可盖在泰国香米饭上一起享用。

红咖喱牛肉蔬菜烤串

RED CURRY STEAK AND VEGETABLE KEBABS

4人份　　　　　烹饪：15分钟

处理食材：15分钟，另需4小时腌制牛肉

1/2杯	芥花油
1/2杯	新鲜香菜叶
1/4杯	酱油
1个	酸橙，榨汁
5个	蒜瓣，去皮
2汤匙	红咖喱膏
2汤匙	蚝油
4汤匙	红糖
1汤匙	去皮鲜姜末
4块（6~8盎司）纽约客牛排，切2英寸见方的块	

1　取搅拌机或料理机，放入芥花油、香菜、酱油、酸橙汁、大蒜、红咖喱膏、蚝油、红糖和生姜，搅打顺滑，制成腌料。

2　取1加仑容量的食品密封袋，放入牛肉和腌料。摇晃袋子，让牛肉均匀裹上腌料。密封冷藏，腌制4小时。

3　取五六根木签放入水中，浸泡30分钟后取出，备用。

4　预热烧烤炉至350℉，或中高火预热烧烤盘。

5　用食品夹取出袋中的牛肉，放在烤盘上备用。

1个	红灯笼椒，去籽，切2英寸大小的块
1个	黄灯笼椒，去籽，切2英寸大小的块
1个	红洋葱，切成4瓣

6 取小号平底深锅，倒入腌料煮开后再大火煮5分钟。之后调小火，再煮3分钟，制成烧烤酱，倒入耐热的小碗中备用。

7 将牛肉块、红灯笼椒、黄灯笼椒和红洋葱轮流串在木签上。这一步可以在等待腌料煮好时进行。

8 开始烤串，烤3~5分钟，中途翻一次面，刷几次烤酱，即为五成熟。也可按个人喜好调整烤制时间。烤完后静置5分钟，即可出餐。

混搭小建议：同食谱可换用菲力牛排、肋眼牛排或沙朗牛排。

食材准备小提示：如果不愿意用腌过生牛肉的腌料制作烤酱，只需将腌料配料用量翻倍，一半用来腌牛肉，另一半用来制作烧烤酱。

烤嫩角尖沙朗佐阿根廷青酱 P080

第6章

屠夫牛排
Butcher Steaks

这道美味的牛肉什锦蔬菜卷既可作开胃菜，又可当作点心或轻食午餐。口味老少咸宜，制作过程简单，而且热量低、蛋白质含量高，十分营养健康。

牛肉什锦蔬菜卷

GINGER-SOY SIRLOIN STEAK ROLL-UPS

5人份　　　　烹饪：15分钟

处理食材：20分钟，另需4小时30分钟腌制，静置牛排

牛肉及腌料配料

1/2杯	酱油
1/4杯	黄糖（压实）
4个	蒜瓣，切末
1汤匙	去皮鲜姜末
1茶匙	熟榨芝麻油
1½磅	沙朗牛排，切薄片

牛肉腌制方法

1　取一只大碗，放入酱油、黄糖、大蒜、生姜和芝麻油，搅拌均匀，制成腌料。

2　取1加仑容量的食品密封袋，放入牛肉和腌料。摇晃袋子，让牛肉均匀裹上腌料。密封冷藏，腌制4小时。

3　取出牛肉放入盘中，室温静置30分钟。留下腌料备用。

什锦蔬菜配料

1汤匙	熟榨芝麻油
4个	蒜瓣,切末
20根	芦笋,留嫩尖
2个	胡萝卜,切条
1个	西葫芦,切条
1/4茶匙	犹太盐
1/4茶匙	粗黑胡椒粉

牛肉什锦蔬菜卷制作方法

4 预热烧烤炉至350℉,或中高火预热烧烤盘。

5 取大号煎锅,倒入芝麻油,中高火加热。放入蒜末,煸炒1~2分钟。加入芦笋、胡萝卜和西葫芦,煸炒3~4分钟,将蔬菜炒至脆嫩后放入盐和胡椒调味。备用。

6 取一片牛肉,在一端放上1~2根芦笋、一些胡萝卜和西葫芦。用牛肉片将蔬菜卷起,用牙签固定。剩下的牛肉和蔬菜也如法炮制。将之前留下备用的腌料刷在牛肉卷上。

7 把牛肉卷放在烧烤炉上,有缝的一面朝下,两面各烤3~4分钟即为五成熟,也可按个人喜好调整加热时间。

> 混搭小建议:同食谱可换用菲力牛排或平铁牛排。可加入灯笼椒,或用灯笼椒替换食谱中的任意蔬菜。

腹肋肉牛排放入大蒜酸橙腌料中，先腌制后烧烤，制作过程简单。佐以新鲜的玉米牛油果萨尔萨酱，味道极佳。这道健康美味的牛排，既可以单吃，也适合搭配墨西哥玉米卷一起食用。

烤腹肋肉牛排佐玉米牛油果萨尔萨酱

GRILLED FLANK STEAK WITH CORN-AVOCADO SALSA

6人份　　　　烹饪：10分钟

处理食材：20分钟，另需4小时腌制牛排

玉米牛油果萨尔萨酱配料

2杯	玉米粒
1个	牛油果，去核去皮，切丁
1/2个	红灯笼椒，去籽，切丁
2汤匙	新鲜红洋葱丁
1/4茶匙	犹太盐
1/4茶匙	粗黑胡椒粉
2汤匙	特级初榨橄榄油
1个	酸橙，榨汁
1汤匙	新鲜香菜叶末

玉米牛油果萨尔萨酱制作方法

1 取一只大碗，放入玉米粒、牛油果、红灯笼椒、洋葱、盐、胡椒、橄榄油、酸橙汁和香菜，混合搅拌均匀。蒙上保鲜膜，冷藏备用。

牛排及腌料制作方法

2 取一只中等大小的碗，放入酱油、酸橙汁、橄榄油，洋葱片和蒜末，搅拌均匀，制成腌料。

牛排及腌料配料

2汤匙　　　酱油

1个　　　　酸橙，榨汁

1/4杯　　　橄榄油

1/2杯　　　新鲜红洋葱片

4个　　　　蒜瓣，切末

1块（2磅）腹肋肉牛排

3　取1加仑容量的食品密封袋，放入腹肋肉牛排和腌料，调整袋子，让腌料没过牛排。密封冷藏，至少腌制4小时，可提前一晚腌制。

4　预热烧烤炉至400°F左右，或高火预热烧烤盘。

5　从袋中取出牛排，腌料丢弃不用。牛排两面各烤3~4分钟即为五成熟，也可按照个人喜好调整烤制时间。烤制结束后取出牛排，静置2~3分钟。

6　牛排顶纹切成薄片，浇上玉米牛油果萨尔萨酱，即可出餐。

省心小窍门：制作萨尔萨酱时，最好用刚从玉米芯上切下的新鲜玉米粒。当然，用解冻玉米粒做出来的味道也不错。

这道富有美国南部特色的经典菜式，为我在田纳西州度过的青少年时代增添了许多美味回忆。传统吃法是将牛排和肉汁盖在土豆泥上，但我更喜欢搭配香酥浓郁的千层酥饼一起食用。

方格牛排佐自制美式千层酥饼和肉汁

CUBE STEAK WITH HOMEMADE BUTTERMILK BISCUITS AND GRAVY

4人份	处理食材：30分钟	烹饪：30分钟

千层酥饼配料

2¼杯	通用面粉，另备一些面粉撒在作业台上防粘
2汤匙	泡打粉
1½茶匙	犹太盐
1/2茶匙	食用小苏打
1杯（2根）	有盐黄油，切成豌豆大小
1½杯	白脱牛奶

千层酥饼制作方法

1. 450℉预热烤箱。取一只烤盘，铺上烤盘纸。

2. 取一只大碗，放入面粉、泡打粉、盐和小苏打，搅拌均匀。

3. 将黄油加入混合好的粉类中，用油酥糕点搅拌器或叉子将它们切拌混合。切拌后仍会留有一些黄油块，这是正常的。

4. 在混合好的黄油面粉中间挖一个大洞，倒入白脱牛奶。用叉子将面粉轻轻拌入白脱牛奶中，直到两者完全混合。

牛排配料

1/2 杯	通用面粉
1/2 茶匙	犹太盐
1/2 茶匙	粗黑胡椒粉
3 汤匙	芥花油
4 块（每块 4 盎司）	方格牛排❶
1 份	奶香乡村肉汁（P125），温

5　在干净平整的工作台上撒足量的面粉，放上面团，对折几次，直到面团不再粘手。用手将面团抻压至约 1 英寸厚。

6　用直径 2 英寸的饼干模具，切出 8~10 块饼坯。不成形的面团可重揉再切。让每块饼坯轻轻靠在一起，排放在准备好的烤盘上。

7　450℉烤 16~18 分钟，烤透即可。此时酥饼顶部应略呈褐色。

牛排制作方法

8　取一只小碗，放入面粉、盐和胡椒粉，混合好后均匀裹在牛排上。

9　取大号煎锅，放入橄榄油，中高火加热。牛排放入锅中，煎 4~5 分钟，翻面再煎 3~4 分钟，直到牛排全熟变色。

10　酥饼对半切开，每半块饼上放一块牛排，最后浇上温热的肉汁，即可出餐。

> 进阶小技巧：面团不要用擀面杖擀。用手折叠，压开面团，做出来的酥饼会更蓬松。
> 食材准备：吃剩的酥饼密封冷冻，可保存 3 个月。冷冻酥饼放入烤箱中 350℉烤 15~20 分钟后即可食用。

---

❶　方格牛排（CUBE STEAK）：一般为上后腰脊肉或上后腿肉，表面用松肉锤或用刀敲成棋盘状，使牛肉口感更嫩。——译者注

丰盈多汁的嫩角尖沙朗搭配上风味十足的干腌料，这道牛排人见人爱。与各种肉类百搭的阿根廷青酱，用在这里自然也不会出错。

烤嫩角尖沙朗佐阿根廷青酱

GRILLED TRI-TIP WITH CHIMICHURRI SAUCE

5~6人份	处理食材：1小时	烹饪：30分钟

2汤匙	橄榄油
1块（2磅）	嫩角尖沙朗牛排
1汤匙	犹太盐
1/2茶匙	粗黑胡椒粉
1/2茶匙	烟熏红椒粉
1/2茶匙	辣椒粉
1/2茶匙	香菜籽粉
1/4茶匙	大蒜粉
1/4茶匙	蒜盐
1/4茶匙	洋葱粉
1/4茶匙	姜黄粉
1/4茶匙	卡宴辣椒粉
1/4茶匙	孜然粉
1份	阿根廷青酱（P122）

1. 从冰箱中取出牛排，静置1小时回温后烧烤。

2. 预热烧烤炉至400℉左右。

3. 取一只小碗，放入盐、黑胡椒粉、烟熏红椒粉、辣椒粉、香菜籽粉、大蒜粉、蒜盐、洋葱粉、姜黄粉、卡宴辣椒粉和孜然粉，搅拌均匀，制成干腌料。

4. 取整块嫩角尖沙朗牛排，表面抹匀橄榄油后，均匀裹上腌料。

5. 把牛排放在烧烤炉上，每面烤2~3分钟。将烧烤炉温度调低至300℉左右，继续烤15~20分钟，中途翻一两次面，即为五成熟。也可按个人喜好调整烤制时间。取出牛排放入盘中，静置2~3分钟后切片。搭配上温热的阿根廷青酱，出餐。

> 混搭小建议：同食谱可换用厚裙牛排、腹肋肉牛排、平铁牛排或裙肉牛排。

牛肉西蓝花配面条是我最喜欢的吃法之一。制作时可用方便面代替面条。没空做饭时，这道快手菜是非常合适的选择。

西蓝花牛肉面

STEAK AND BROCCOLI WITH RAMEN NOODLES

5~6人份	处理食材：15分钟	烹饪：30分钟

3包（每包3盎司）方便面	1　按包装上的要求煮好方便面。沥干，备用。
1茶匙　熟榨芝麻油	2　取大号煎锅，倒入芝麻油，中高火加热。加入牛肉片炒3~5分钟，直到牛肉全熟变色。牛肉片盛入盘中备用。
1磅　裙肉牛排，切薄片	
1杯　牛肉汤	3　锅中倒入牛肉汤、蚝油、酱油、姜和大蒜，混合搅匀。调中火，搅拌加热5分钟。加入玉米淀粉，搅拌加热1~2分钟，勾芡。
1/4杯　蚝油	
2汤匙　酱油	4　加入西蓝花和胡萝卜，翻炒兜上芡汁。炒3分钟左右，直到西蓝花开始变软。
1汤匙　去皮鲜姜末	
3个　蒜瓣，切末	5　倒入牛肉，翻炒均匀。
1汤匙　玉米淀粉	6　按人数平分面条，盛入碗中，盖上牛肉、蔬菜，浇上芡汁，拌匀。最后撒上葱片即可。
3杯　切成小朵的西蓝花	
1/2杯　新鲜胡萝卜丝	
4根　大葱，取葱白葱叶，切片	

> 混搭小建议：同食谱可换用腹肋肉牛排、平铁牛排、厚裙牛排或沙朗牛排。

姜味打底的卤汁中放入洋葱、甜椒，与牛排同炖。软烂可口的牛排配上热腾腾的白米饭，非常令人满足。

胡椒炖肋眼牛排

SLOW COOKER PEPPER RIB EYE

4~5人份	处理食材：20分钟	烹饪：4~6小时15分钟

2磅	去骨肋眼牛排
1/2茶匙	犹太盐
1茶匙	粗黑胡椒粉
1汤匙	熟榨芝麻油
6个	蒜瓣，切末
1½杯	牛肉汤，分次使用
1个	黄洋葱（大），切片
1个	橙色灯笼椒，去籽，切丁
1/4杯	蚝油
3汤匙	海鲜酱
1汤匙	去皮鲜姜米
1罐头（8盎司）马蹄片，沥干使用	

1. 用盐和胡椒给牛排调底味。
2. 取大号煎锅，放入芝麻油，中高火加热1~2分钟，将油烧热。放入大蒜，煸1~2分钟。
3. 放入牛排，每面煸2~3分钟，煸好后将牛排倒入慢炖锅中。
4. 煎锅里倒入1/4杯牛肉汤，用锅铲搅拌，刮起锅底的焦褐物。
5. 放入洋葱，煸炒2~3分钟。将煎锅中食材一起倒入慢炖锅中。
6. 将灯笼椒、剩下的1¼杯牛肉汤、酱油、姜、马蹄一起倒入慢炖锅中，搅拌均匀。
7. 盖上盖子，低火炖煮4~6小时。

进阶小技巧：如果想让卤汁更稠一些，可在慢炖锅中放3汤匙玉米淀粉，搅拌均匀。出餐前30分钟高火加热即可。

混搭小建议：同食谱可换用平铁牛排、沙朗牛排或嫩角尖沙朗牛排。

用酱油、红酒醋、大蒜将腹肋肉牛排腌制入味后再加以烧烤，一道酱烤牛排便完成了。风味浓郁，入口即化，是周末晚餐或休闲野餐时的完美选择。

酱烤腹肋肉牛排

MARINATED FLANK STEAK

6人份	处理食材：10分钟，另需4小时腌制牛排	烹饪：15分钟

1/2杯	芥花油
1/3杯	酱油
1/4杯	红酒醋
2汤匙	鲜榨柠檬汁
1½汤匙	辣酱油
1汤匙	第戎芥末
2个	蒜瓣，切末
1/2茶匙	粗黑胡椒粉
1块（1½磅）	腹肋肉牛排

1　取一只中等大小的碗，放入芥花油、酱油、红酒醋、柠檬汁、辣酱油、芥末、蒜末和胡椒粉，搅拌均匀，制成腌料。

2　取1加仑容量的食品密封袋，放入牛排和腌料，调整袋子让腌料没过牛排。密封冷藏，至少腌制4小时，可提前一晚腌制。

3　预热烧烤炉至400℉左右，或高火预热烧烤盘。

4　从袋中取出牛排，放入盘中，不加盖静置10分钟。腌料丢弃不用。

5　将牛排放在烧烤炉上，两面各烤2~3分钟。将烧烤炉温度调低至300℉左右，继续烤3~5分钟，中途翻一次面，即为五成熟。也可按个人喜好调整烤制时间。烤好后取出牛排放入盘中，静置2~3分钟后切片。

> 混搭小建议：同食谱可换用平铁牛排、厚裙牛排或裙肉牛排。

多种新鲜蔬菜和牛排同炒，简单营养。搭配姜蒜打底的芡汁，美味可口。搭配泰国香米饭、面条或炒饭一起享用。

芦笋红椒炒牛排

FLAT IRON STEAK STIR-FRY WITH ASPARAGUS AND RED PEPPER

6人份	处理食材：20分钟	烹饪：25分钟

芡汁配料

2茶匙	玉米淀粉
3汤匙	水
3汤匙	酱油
1茶匙	去皮鲜姜末
1个	蒜瓣，切末

炒菜配料

15根	芦笋，留嫩尖，切1英寸长的片
3汤匙	橄榄油，分次使用

1 取一只小碗，放入玉米淀粉和水，搅拌均匀后加入酱油、姜末和蒜末，搅匀备用。

炒菜制作方法

2 取大号煎锅或炒锅，倒入2英寸深的水，大火煮沸。加入芦笋，汆煮1~2分钟后捞出，冷水冲洗。

3 锅中放入1汤匙橄榄油，高火加热。倒入芦笋，炒2分钟左右，炒至脆嫩后倒入盘中备用。

1磅	平铁牛排，切1/4英寸厚的片
1个	红灯笼椒，去籽，切2英寸长，1/4英寸宽的条
1杯	切成小朵的西蓝花
1罐头（8盎司）	切片马蹄，沥干使用
1根	大葱，取葱白葱叶，切片

4 锅中再放1汤匙橄榄油，加热。放入一半牛排，炒2~3分钟，待牛肉半熟变色后倒出备用。另一半牛排也如法炮制。将两份炒过的牛排混合倒回锅中，加入甜椒、西蓝花和马蹄，调中高火，翻炒3~4分钟，直到蔬菜开始出水变软。

5 倒入芡汁，翻炒均匀。煮1~2分钟，直到芡汁变稠。

6 加入芦笋，翻炒兜上芡汁。最后撒上葱片，即可出餐。

进阶小技巧：牛排先冷冻15分钟，切片更轻松。

混搭小建议：同食谱可换用厚裙牛排、沙朗牛排或裙肉牛排。

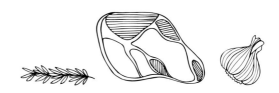

莫雷酱（MOLE SAUCE）结合了辣椒的辣与巧克力的甜，受此启发，我自创了一款牛排腌料。用这种配方烤出的牛排风味十足，既可单独食用，也可搭配墨西哥玉米卷，都非常美味。

美式西南风味香辣可可裙肉牛排
SPICY SOUTHWEST COCOA-RUBBED SKIRT STEAK

6~8人份	处理食材：15分钟	烹饪：10分钟

2汤匙	橄榄油
2汤匙	无糖可可粉
2汤匙	红糖
4茶匙	犹太盐
2茶匙	香菜籽粉
1茶匙	辣椒粉
1茶匙	大蒜粉
1茶匙	烟熏红椒粉
1/2茶匙	丁香粉
1/2茶匙	卡宴辣椒粉
1/2茶匙	粗黑胡椒粉
1块（2~3磅）	裙肉牛排

1 预热烧烤炉至400℉左右，或高火预热烧烤盘。

2 取一只小碗，放入橄榄油、可可粉、红糖、盐、香菜籽粉、辣椒粉、大蒜粉、烟熏红椒粉、丁香、卡宴辣椒和黑胡椒粉，搅拌均匀，制成腌料。

3 用厨房纸轻拍牛排表面，吸去多余水分后，均匀抹上3~4汤匙腌料。

4 牛排两面各烤2~3分钟。将烧烤炉温度调低至250℉左右，继续烤3~4分钟，中途翻一次面，即为五成熟，也可按个人喜好调整烤制时间。烤好后取出牛排放入盘中，静置3~5分钟，然后将牛排顶纹切片。

进阶技巧：使用品质比较好的可可粉，腌料的味道会更香醇浓厚。

牛肉汤混合大蒜、迷迭香等食材组成腌料，牛排先腌后烤，香嫩无比。出餐时放上几瓣熟蒜和迷迭香，无人可以抗拒这种风味。可搭配抱子甘蓝培根沙拉佐香脂醋第戎芥末油醋汁（P116），或凯撒沙拉佐蒜香白葡萄酒油醋汁（P117）一起享用。

伦敦烤牛排

LONDON BROIL

6~8人份　　　烹饪：1小时20分钟

处理食材：15分钟，另需4小时腌制牛排

3杯	牛肉汤，分次使用
1/2杯	特级初榨橄榄油
1/3杯	酱油
1/4杯	红酒醋
2汤匙	第戎芥末
1汤匙	辣酱油
1个	柠檬，榨汁
2磅	上后腿肉（整块）
10个	蒜瓣，去皮，拍碎
4枝	迷迭香
1个	黄洋葱（小），切片
6汤匙（3/4根）	无盐黄油，切片

1. 取一只小碗，倒入2杯牛肉汤、橄榄油、酱油、红酒醋、芥末、辣酱油和柠檬汁，搅拌均匀，制成腌料。

2. 取1加仑容量的食品密封袋，放入牛排、大蒜、迷迭香，加入腌料。调整袋子，让腌料没过牛排。密封冷藏，至少腌制4小时，可提前一晚腌制。

3. 将烤箱内的烤盘架调整到中间一格，上火预热烤箱。

4. 取大号烤盘，撒上洋葱片。

5 从袋中取出牛排，放在洋葱片上。从袋中取出迷迭香和蒜瓣，放在牛排周围。其余腌料丢弃不用。

6 将剩下的1杯高汤倒入烤盘中。上火烤10分钟后翻面，再烤10分钟。

7 烤箱切换到上下火模式，温度调到450℉。在牛排侧面插入电子温度计，继续烤45分钟~1小时即为五成熟，也可按个人喜好调整烤制时间。烤好后取出烤盘，盖上锡纸，静置5~7分钟后，将牛排顶纹切片。

8 每份牛排上放一片黄油、一勺烤盘里的肉汤、几片蒜瓣和迷迭香叶。

> 混搭小建议：同食谱可换用腹肋肉牛排。

传统瑞士牛排是以番茄为底味的。我对其进行了改良，以牛肉汤和蘑菇打底，辅以牛至和番茄作为点缀，风味更加充足。搭配米饭、面条或家常土豆泥（P114）一起享用。

瑞士牛排

SWISS STEAK

6人份	处理食材：20分钟	烹饪：1小时20分钟

1/2杯	通用面粉	
1茶匙	犹太盐	
1/2茶匙	粗黑胡椒粉	
2磅	方格牛排（薄）	
2汤匙	橄榄油，分次使用	
1个	火葱头，切薄片	
1杯	新鲜白蘑菇片	
5个	蒜瓣，切末	
1½杯	牛肉汤，分次使用	
1罐头（10盎司）奶油蘑菇汤		
1罐头（14.5盎司）小番茄丁，汁水留下备用		
1茶匙	干牛至	

1 350℉预热烤箱。

2 取一只小碗，放入面粉、盐和胡椒粉，拌匀后均匀裹在牛排上。

3 取大号带盖铸铁煎锅或荷兰锅，放入1汤匙橄榄油，中高火加热。放入牛排，每面煸2~3分钟，至牛肉变色。牛排煸好后倒入盘中备用。

4 锅中放入剩下的1汤匙橄榄油和火葱头、蘑菇、大蒜，煸30秒。

5 加入1/2杯牛肉汤，继续煸炒，刮下锅底的焦褐物。

6 取一只中等大小的碗，倒入剩下的1杯牛肉汤、奶油蘑菇汤、带汁水的番茄丁和干牛至，搅拌均匀后一起倒入锅中，高火煮开后再继续煮3~4分钟。

7 把牛排放回锅中，盖上锅盖，送入烤箱。

8 上下火烤1小时。

混搭小建议：同食谱可换用下后腿肉。

这是我尝过的最美味的牛肉玉米卷，味道惊艳，制作过程也非常简单。烤前用含有辣椒、酸橙汁的腌料腌制牛排，烤好后将牛排切薄片夹进墨西哥薄饼里即可。可搭配新鲜的墨西哥牛油果酱（GUACAMOLE）、墨西哥番茄辣酱（PICO DE GALLO）或玉米牛油果萨尔萨酱（P076），一起享用。

酸辣牛厚裙墨西哥玉米卷

CHILE-LIME HANGER STEAK TACOS

6人份	处理食材：10分钟，另需4小时时间腌制牛排	烹饪：10分钟

1罐头（4盎司）青辣椒丁，沥干使用	
1/2杯	新鲜红洋葱碎
5个	蒜瓣，去皮
1/4杯	新鲜香菜叶碎
1/4杯	红酒醋
3汤匙	橄榄油
2个	酸橙，榨汁
1汤匙	辣椒粉
2茶匙	孜然粉
2茶匙	犹太盐
2磅	厚裙牛排

1　取搅拌机，放入青辣椒、洋葱、蒜瓣、香菜、醋、油、酸橙汁、辣椒粉、孜然和盐，搅打至顺滑，制成腌料。

2　取1加仑容量的食品密封袋，放入厚裙牛排和腌料，调整袋子，让腌料没过牛排。密封冷藏，至少腌制4小时，可提前一晚腌制。

3　预热烧烤炉到400℉左右，或高火预热烧烤盘。

4　从袋中取出牛排，放在烧烤炉上。腌料丢弃不用。牛排两面各烤1~2分钟。将烧烤炉温度调低至250℉左右，继续烤3~5钟，中途翻一次面，即为五成熟。也可按个人喜好调整烤制时间。烤好后取出牛排，静置3~5分钟后，顶纹切成薄片。

混搭小建议：同食谱可换用腹肋肉牛排、平铁牛排或裙肉牛排。

沙朗牛排切薄片，与香醇浓厚的蘑菇酱同煮，一道俄式酸奶油烩牛肉就做好了。传统吃法是将其盖在煮好的鸡蛋面上，是一道非常受欢迎的主食。

传统俄式酸奶油烩牛肉

CLASSIC BEEF STROGANOFF

6人份	处理食材：15分钟	烹饪：45分钟

4汤匙（1/2根）无盐黄油，分次使用	1. 取大号荷兰锅或铸铁锅，放入2汤匙黄油，中高火加热，待黄油融化。
1½磅 上后腰脊肉牛排，切薄片	2. 倒入牛肉片，煸炒3~4分钟，炒至七成熟后盛入盘中备用。
4个 蒜瓣，切碎	3. 锅中放入剩下的2汤匙黄油，加热融化。加入大蒜、洋葱和蘑菇，煸炒6~8分钟，直到食材变软。
1个 黄洋葱（小），切末	
8盎司 新鲜白蘑菇片	4. 倒入面粉，倒入1杯牛肉汤，搅拌均匀，用锅铲刮起锅底的焦褐物。倒入重奶油，搅拌均匀。调中火煮3~5分钟，直到酱汁开始变稠。
1汤匙 通用面粉	
1½杯 牛肉汤，分次使用	
1/2杯 （可打发的）重奶油	
1/4杯 酸奶油	5. 取一只小碗，从锅中舀出2汤匙酱汁放入碗中，加入酸奶油，充分搅拌均匀后倒回锅中，与锅中食材一起搅拌均匀。加入盐和胡椒粉，搅拌加热1~2分钟，直到酱汁变得顺滑。
1½茶匙 盐	
1/2茶匙 粗黑胡椒粉	
2茶匙 辣酱油	6. 把牛肉放回锅中，放入辣酱油和剩下的1/2杯肉汤，搅匀。调小火煮4~5分钟，直到酱汁变热变顺滑。完成后立即出餐。

> **食材准备小提示：** 将酸奶油与酱汁混合起来再放入锅中，防止酸奶油结块。

辣椒粉、大蒜粉、孜然粉和烟熏红椒粉组成的混合干料，赋予牛排浓郁的风味，与鲜美多汁的口感相得益彰。用最简单的烹调，做出最美味的牛排。

甜辣香烤厚裙牛排

SWEET AND SPICY GRILLED HANGER STEAK

6人份	处理食材：5分钟，另需4小时30分钟时间腌制，静置牛排	烹饪：10分钟

1汤匙	辣椒粉
1汤匙	大蒜粉
1½茶匙	烟熏红椒粉
1茶匙	孜然粉
1茶匙	犹太盐
1/2茶匙	粗黑胡椒粉
3磅	厚裙牛排
1/4杯	第戎芥末
适量	甜辣牛排酱（P123），供佐食

1. 取一只小碗，放入辣椒粉、大蒜粉、烟熏红椒粉、孜然粉、盐和胡椒粉，搅拌均匀，制成干腌料。

2. 牛排表面刷满芥末，两面撒满干腌料。将牛排放入玻璃烤盘中，蒙上保鲜膜冷藏，至少腌制4小时，可提前一晚腌制。

3. 从冰箱中取出牛排，室温静置30分钟，回温后再烧烤。

4. 预热烧烤炉至400°F左右，或高火预热烧烤盘。

5. 牛排两面各烤1~2分钟。将烧烤炉温度调低至250°F左右，继续烤3~5钟，中途翻一次面，即为五成熟，也可按个人喜好调整烤制时间。烤好后取出牛排，静置3~5分钟后顶纹切片。搭配牛排酱一起出餐。

> 混搭小建议：同食谱可换用腹肋肉牛排、平铁牛排或裙肉牛排。

上脑是牛肩颈部的一块肉，位置在肋眼旁，非常嫩，且价格相对较低。搭配蒜香酱汁，美味令人难以忘怀。

上脑牛排佐蒜香胡椒奶油酱

CHUCK EYE STEAK WITH GARLIC-PEPPERCORN CREAM SAUCE

6人份	处理食材：5分钟	烹饪：15分钟

牛排配料

3汤匙	无盐黄油
6块（每块6盎司）上脑牛排	
1汤匙	犹太盐
2茶匙	粗黑胡椒粉

蒜香胡椒奶油酱配料

1汤匙	无盐黄油
6个	蒜瓣，切末
2汤匙	通用面粉
1杯	（可打发的）重奶油
1/2杯	新鲜帕马森芝士碎
1杯	牛肉汤
2盎司	奶油芝士
1½茶匙	黑胡椒碎
1/2茶匙	犹太盐
1/4茶匙	烟熏红椒粉
1/4茶匙	白胡椒粉

牛排制作方法

1 中高火预热煎锅，放入黄油，待其融化。晃动煎锅，让黄油均匀覆盖锅底。

2 牛排两面均匀撒上盐和胡椒，调底味。

3 煎锅中放入牛排，两面各煎3~4分钟，即为五成熟，也可按个人喜好调整煎制时间。取出牛排放入盘中，盖上锡纸，备用。

蒜香胡椒奶油酱制作方法

4 煎锅中放入黄油，调中低火，待黄油融化。放入大蒜，煸炒1~2分钟。放入面粉，倒入奶油和帕马森芝士，搅拌加热1分钟。

5 倒入牛肉汤、奶油芝士、粗黑胡椒粉、盐、烟熏红椒粉和白胡椒粉。调低火加热4~5分钟，不断搅拌，直到酱汁变稠。完成后将酱汁浇在牛排上，即可出餐。

> 混搭小建议：同食谱可换用沙朗牛排。
> 食材准备小提示：把胡椒粒放进食品袋中，用木槌或小号煎锅将其拍碎。

调味烟熏后，嫩角尖沙朗变得更加软嫩多汁，每一口都能感受到汹涌的风味。可搭配烤土豆泥（P113）一起享用。

烟熏嫩角尖沙朗

SMOKED TRI-TIP

6人份	处理食材：5分钟	烹饪：2小时

2汤匙	犹太盐
1汤匙	粗黑胡椒粉
1汤匙	大蒜粉
2茶匙	干洋葱末
2茶匙	干迷迭香
2茶匙	香菜籽粉
2茶匙	干莳萝
1茶匙	辣椒片
1茶匙	芥子粉
1块（2磅）	嫩角尖沙朗
3汤匙	橄榄油

1　预热烟熏炉至225°F。

2　取一只小碗，放入盐、粗黑胡椒、大蒜粉、干洋葱末、干迷迭香、香菜籽粉、干莳萝、辣椒片和芥子粉，搅拌均匀，制成干腌料。

3　牛排两面刷上油后，均匀撒上干腌料。

4　把牛排直接放在烟熏炉的架子上，并在肉最厚的地方插入电子温度计。烟熏2小时即为五成熟，也可参照温度计温度，按个人口味调整熏制时间。待熏制结束，取出牛排放入盘中，静置3分钟后切片。

食材准备小提示：家里没有烟熏炉？不用担心，P029中介绍了如何将烧烤炉改造成烟熏炉，敬请参考。

用高压锅制作牛肉菲希塔，省时省力。所有食材一锅炖，风味层层叠加，花费35分钟即可完成。可搭配热乎乎的墨西哥薄饼、墨西哥炖豆泥、新鲜牛油果或玉米牛油果萨尔萨酱（P076）一起享用。

高压锅牛裙菲希塔

PRESSURE COOKER SKIRT STEAK FAJITAS

6人份	处理食材：10分钟	烹饪：25分钟

2汤匙	辣椒粉
2茶匙	犹太盐
1茶匙	孜然粉
1茶匙	大蒜粉
1/4茶匙	香菜籽粉
1½磅	裙肉牛排，切1/4英寸的片
2汤匙	橄榄油，分次使用
2汤匙	酸奶油
1个	红灯笼椒，去籽，切薄片
1/2个	黄洋葱，切薄片
1罐头（4盎司），青辣椒丁，沥干使用	
1/4杯	牛肉汤

1　取一只大碗，放入辣椒粉、盐、孜然粉、大蒜粉和香菜籽粉，搅拌均匀，制成干腌料。

2　倒1汤匙橄榄油抓匀牛肉片，之后将牛肉放入大碗中，颠拌裹匀干腌料。

3　取高压锅，调至煸炒模式，放入剩下的1汤匙橄榄油。油热后，放入牛肉煸炒1分钟。

4　加入酸奶油，翻炒2分钟。

5　加入红灯笼椒、黄洋葱、青辣椒丁和牛肉汤，搅匀。

6　盖好高压锅的盖子，拧上蒸汽阀。高压焖煮10分钟。待计时结束后放掉蒸汽，即可出餐。

混搭小建议：同食谱可换用平铁牛排或厚裙牛排。

乡村油炸牛排佐奶香乡村肉汁 P105　抱子甘蓝培根沙拉佐香脂醋第戎芥末油醋汁 P116

第 **7** 章

其他食谱
Other Steaks

豆腐富含蛋白质，可以代替一餐中的肉菜。豆腐经过腌制，复合了香菜、柑橘、大蒜和意大利综合香料的味道。可搭配烤蔬菜、凯撒沙拉佐蒜香白葡萄酒油醋汁（P117）或家常土豆泥（P114）一起享用。

阿根廷青酱烤豆腐

GRILLED TOFU STEAK WITH CHIMICHURRI SAUCE

4人份	处理食材：20分钟，另需4小时腌制豆腐	烹饪：10分钟

1磅　　老豆腐，切成8片（一片厚约1/3英寸）

1份　　阿根廷青酱（P122）

1. 取一只烤盘，铺上3张厨房纸。将切好的豆腐摊放在厨房纸上，上面再放3张厨房纸。压上一口铸铁锅（或一只烤盘加几个番茄罐头），静置10~15分钟，压出豆腐中多余的水分。

2. 取1加仑容量的食品密封袋，放入压好的豆腐和阿根廷青酱，调整袋子，让酱汁没过豆腐。密封冷藏，至少腌制4小时，可提前一晚腌制。

3. 预热烧烤炉至400℉左右，或中高火预热烧烤盘。

4. 从袋中取出豆腐。袋中剩余的酱汁倒入小号平底深锅中。烤豆腐的同时，中火加热酱汁。

5. 豆腐烤10分钟左右，中途不停翻动，烤到豆腐变结实。

6. 浇上温热的阿根廷青酱，即可出餐。

食材准备小提示：可选择自己喜欢的蔬菜，比如西葫芦，切成宽条后放入食品袋中和豆腐一起腌制，然后一起烤。

低温慢煮让烹饪素牛排变得简单可控，且效果十分完美。"牛排"慢煮好后放入煎锅中，用热油煎一煎就可以上桌了。将煎好的素牛排放在小面包上，再搭配上自己喜欢的汉堡酱，比如甜辣牛排酱（P123），一道美味的汉堡就完成了。

低温慢煮素牛排
SOUS VIDE VEGAN STEAK

4~6人份	处理食材：20分钟	烹饪：1小时30分钟

调味粉配料

1汤匙	犹太盐
1茶匙	粗黑胡椒粉
1茶匙	大蒜粉
1茶匙	洋葱粉
1茶匙	干莳萝
1/2茶匙	香菜籽粉

素牛排配料

1½磅	植物牛肉末
1¼杯	谷朊粉
1/4杯	水
2汤匙	白葡萄酒醋
1茶匙	熟榨芝麻油
2汤匙	芥花油

调味粉制作方法

1　取一只小碗，放入盐、胡椒粉、大蒜粉、洋葱粉、干莳萝和香菜籽粉，拌匀备用。

素牛排制作方法

2　取厨师机，放入植物肉末、谷朊粉、水、白葡萄酒醋和芝麻油，搅拌均匀。也可以将上述食材放入一只大碗中，使用手持搅拌器低速搅拌1分钟。取出搅匀的肉馅，放在操作台上，整形成1/4英寸厚的长方体，再切分成4~6块素牛排。

3　取低温慢煮袋或食品密封袋，每个袋子里放入2块素牛排。用真空封口机将食品袋抽真空并封口，放在一旁备用。

4　容器中加入约2加仑的水。将低温慢煮机固定在容器上。温度设定为150℉，时间设定为1½小时。待水温达到150℉后，将装有食材的密封袋放入水中，加热到计时结束。

5　取大号煎锅，倒入芥花油，高火加热。

6　从袋中取出素牛排，均匀撒上调味粉后放入煎锅中，两面各煎2~3分钟即可。

油煎三文鱼搭配清新爽口的黄瓜萨尔萨酱，健康低碳水的简单一餐。

无骨三文鱼排佐柑橘黄瓜萨尔萨酱

SALMON STEAK FILLET WITH CITRUS-CUCUMBER SALSA

4人份	处理食材：15分钟，另需30分钟冷藏萨尔萨酱	烹饪：12分钟

柑橘黄瓜萨尔萨酱配料

1个	酸橙，去皮，去白瓤，切细丁
1/2根	黄瓜，切丁
2汤匙	新鲜红洋葱末
1个	墨西哥辣椒（小），去籽，切丁
2汤匙	新鲜香菜叶末
1/2茶匙	海盐
1/4茶匙	粗黑胡椒粉

三文鱼排配料

1汤匙	橄榄油
4块（每块6盎司）去骨去皮三文鱼排	
1/2茶匙	海盐
1/2茶匙	粗黑胡椒粉

柑橘黄瓜萨尔萨酱制作方法

1. 酸橙放入小碗中，用叉子压碎，然后加入黄瓜、红洋葱末、墨西哥辣椒、香菜叶末、盐和胡椒粉，拌匀。盖上盖子冷藏至少30分钟。

三文鱼排制作方法

2. 取大号煎锅，放入橄榄油，中火加热。
3. 三文鱼表面撒上盐和胡椒粉，调底味。放入煎锅中，煎5~6分钟，直到鱼肉表面变得焦黄。翻面，再煎5~6分钟，直到鱼肉不再透明，且用叉子拨动一下就能脱落。取出鱼排，放入盘中，最后浇上柑橘黄瓜萨尔萨酱即可出餐。

进阶小技巧：如果鱼排带皮，让鱼皮一面朝下，中火油煎。煎的过程中要铲动鱼排，避免鱼皮焦煳粘锅。不用翻面，静待鱼排烹熟即可。

混搭小建议：同食谱可换用红大麻哈鱼或大西洋鲑。

跟着这道食谱，在家也可以轻松烹调出美味的黄鳍金枪鱼。

油煎提升鱼排的香味，搭配上柠檬胡椒黄油，这道菜令人回味无穷。将鱼排盖在米饭上，搭配沙拉一起享用。

黄鳍金枪鱼佐柠檬胡椒黄油

AHI TUNA WITH LEMON-PEPPER COMPOUND BUTTER

5~6人份	处理食材：10分钟	烹饪：9分钟

4块（4~6盎司）金枪鱼排，洗净后擦干表面水分

2茶匙	喜马拉雅岩盐
4汤匙	橄榄油，分次使用
6汤匙	柠檬胡椒黄油（P032），分次使用
4个	蒜瓣，去皮，拍碎
4枝	迷迭香
1½个	柠檬，切半月形

1　金枪鱼排两面，均匀撒上盐，调底味。

2　取大号铸铁煎锅，放入1汤匙橄榄油，大火加热约2分钟，将油烧热。

3　放入4汤匙柠檬胡椒黄油，待之融化。

4　锅中放入金枪鱼排，周围放上蒜瓣和迷迭香，煎2~3分钟，煎的时候舀起锅里的油浇在鱼排上。翻面，另一面同样煎2~3分钟，直到鱼肉表面焦黄，即为五成熟。也可以在翻面后，立即插入电子温度计，在中心温度比预期熟度所对应的温度低10°F时，即可将鱼排从锅中取出。放入盘中，静置1~2分钟。

5　每块鱼排上放3/4茶匙柠檬胡椒黄油。出餐时佐上柠檬片，食用前挤上柠檬汁。

食材准备小提示：如果金枪鱼排厚度不到1英寸，那么两面各煎1分钟即可。

腌料中的精酿印度艾尔啤酒，为猪排增添了浓郁风味。腌料的制作方法简单，味道极佳。再佐以甜辣牛排酱（P123），更加美味。可搭配烤土豆泥（P113）一起享用。

啤酒烤猪排佐甜辣牛排酱

IPA-MARINATED GRILLED PORK STEAK WITH SWEET AND TANGY STEAK SAUCE

4人份	处理食材：10分钟，另需4小时腌制猪排	烹饪：25分钟

1杯	印度艾尔啤酒(IPA)
1/4杯	橄榄油
4个	蒜瓣，切末
2汤匙	红糖
1汤匙	第戎芥末
1汤匙	酱油
1汤匙	鲜榨酸橙汁
1茶匙	粗黑胡椒粉
1/2茶匙	孜然粉
1/2茶匙	红椒粉
4块（每块6~8盎司）猪排	
适量	甜辣牛排酱（P123），佐食

1 取一只小碗，放入啤酒、橄榄油、大蒜、红糖、芥末、酱油、酸橙汁、胡椒粉、孜然粉和红椒粉，搅拌均匀，制成腌料。

2 取1加仑容量的食品密封袋，放入猪排和腌料。摇动袋子，让猪排均匀裹上腌料。密封冷藏，至少腌制4小时，可提前一晚腌制。

3 预热烧烤炉至400℉左右，或高火预热烧烤盘。

4 从袋中取出猪排，腌料丢弃不用。猪排两面各烤10~12分钟，中途勤翻面，待中心温度达到145℉时即可完成烧烤。取出猪排放入盘中，静置2~3分钟后搭配甜辣牛排酱一起出餐。

> 食材准备小提示：腌料中的啤酒可换成英式印度艾尔啤酒或棕色艾尔啤酒。
> 进阶小技巧：时不时地"按摩"袋子，确保整块猪排都能接触到腌料。

这道火腿排适合一日三餐中的任何一餐。市售的火腿排大多是半成品，所以制作起来也不费时。咸甜口的红糖酱制作方法简单，味道老少咸宜。

红糖枫糖第戎芥末火腿排

BROWN SUGAR AND MAPLE-DIJON HAM STEAK

4人份	处理食材：10分钟	烹饪：20分钟

2汤匙	红糖
2汤匙	枫糖浆
1汤匙	第戎芥末
4块（每块8盎司）切片火腿排	
2汤匙	无盐黄油

1　取一只小碗，放入红糖、枫糖浆和芥末，充分搅拌均匀，制成酱料，刷满火腿排表面。

2　取大号烧烤盘或锅底带条纹的铸铁锅，放入黄油，中高火加热，待黄油融化。

3　放入火腿排，每面煎4~5分钟，中途多刷几次酱料和锅中化开的黄油，完成后立即出餐。

> 省心小窍门：比起从一大块火腿上一片片切下火腿排，在商店里买单独包装的切片火腿排更加方便。

即使家中没有帕尼尼机，也能做出热乎乎的帕尼尼三明治。我们只需要一口锅底带条纹的铸铁锅，一点黄油，再花些力气，就能完美复刻出帕尼尼三明治标志性的烤痕。醇香绵柔的芝士和咸甜的火腿，搭配麦香浓郁的意大利恰巴塔面包，组成美味的一餐。可与烤薯角（P112）一起享用。

蜂蜜芥末火腿哈瓦蒂芝士帕尼尼

HONEY MUSTARD HAM STEAK PANINI WITH HAVARTI CHEESE

4人份	处理食材：10分钟	烹饪：35分钟

蜂蜜芥末配料

1/4杯	第戎芥末
2汤匙	蜂蜜
2汤匙	蛋黄酱
1汤匙	苹果醋
1/4茶匙	烟熏红椒粉

帕尼尼三明治配料

4汤匙	大蒜迷迭香黄油（P127），分次使用
4只	恰巴塔面包，对半切开
1块（8盎司）	哈瓦蒂芝士，擦丝
4片	切片火腿排（薄）

蜂蜜芥末制作方法

1. 取一只小碗，放入芥末、蜂蜜、蛋黄酱、苹果醋和烟熏红椒粉，搅拌均匀。

帕尼尼三明治制作方法

2. 200℉预热烤箱。

3. 取大号条纹铸铁煎锅，放入1汤匙大蒜迷迭香黄油，中火加热，待黄油融化。

4. 每只恰巴塔面包内侧抹上1汤匙蜂蜜芥末。

5. 煎锅里放半块面包，涂了蜂蜜芥末的一面朝上，放上1/4杯哈瓦蒂芝士丝，1片火腿排，撒上1/4杯芝士丝，最后盖上另一半面包。

6. 用锅铲或较小的铸铁锅，用力压住三明治，煎烤3~4分钟。将三明治翻面，同样压住再煎烤3~4分钟。完成后放入烤箱中保温。剩下的三明治也如法炮制。做三明治前要往锅中添一些黄油。

> **混搭小建议：** 同食谱可换用火鸡肉片和波罗夫洛芝士（PROVOLONE CHEESE）。

我会用方格牛排做这道油炸牛排，炸至金黄后浇上奶香乡村肉汁（P125），搭配家常土豆泥（P114）一起享用。

乡村油炸牛排佐奶香乡村肉汁

COUNTRY FRIED STEAK WITH WHITE COUNTRY GRAVY

6人份	处理食材：20分钟	烹饪：35分钟

1杯	白脱牛奶
2个	鸡蛋（大）
1½杯	通用面粉
3茶匙	犹太盐，分次使用
2茶匙	粗黑胡椒粉，分次使用
1/2茶匙	红椒粉
1/2茶匙	洋葱粉
1/2茶匙	大蒜粉
1/4茶匙	卡宴辣椒粉
6块（每块5盎司）	方格牛排
1杯	芥花油
1汤匙	无盐黄油
1份	奶香乡村肉汁（P125），温

1. 取一只中等大小的碗，放入白脱牛奶和鸡蛋，搅打均匀。

2. 另取一只中碗，放入面粉、1½茶匙盐、1茶匙黑胡椒、红椒粉、洋葱粉、大蒜粉和卡宴辣椒粉，拌匀，制成调味炸粉。

3. 将剩下的1½茶匙盐和1茶匙胡椒粉均匀撒在牛排两面，调底味。

4. 将混合好的粉类、牛奶蛋液以及烤盘，按顺序排开。

5. 依次给每块牛排裹上调味炸粉、牛奶蛋液，再裹一层调味炸粉。之后将牛排放在烤盘上。

6. 取一只大盘子，铺上厨房纸。

7 取大号煎锅，倒入芥花油，中高火加热3~4分钟，将油烧热。

8 放入黄油，待其融化。

9 煎锅中小心放入2块牛排，两面各煎炸4~5分钟。取出牛排，放入衬有厨房纸的盘中。剩余牛排也如法炮制。完成后浇上热乎乎的奶香乡村肉汁，立即出餐。

进阶小技巧：用保鲜膜盖住肉排，并用木槌或擀面杖将肉排锤薄至1/4英寸左右，这样炸出来口感会更嫩。

混搭小建议：同食谱可换用和牛中段肋眼牛排。

牛肉饼鲜美多汁，蘑菇肉汁香浓可口，二者结合组成方便又丰盛的一餐。烹制过程中只使用一口煎锅，餐后清洗更方便。可搭配烤薯角（P112）一起享用。

索尔兹伯里牛肉饼佐蘑菇肉汁
SALISBURY STEAK WITH MUSHROOM GRAVY

4人份	处理食材：15分钟	烹饪：30分钟

牛肉饼配料

1磅	牛肉末
1/2杯	面包糠
1个	鸡蛋（大）
1汤匙	辣酱油
1/2茶匙	洋葱粉
1/2茶匙	犹太盐
2汤匙	橄榄油

肉汁配料

2汤匙	无盐黄油
3汤匙	通用面粉
1½杯	牛肉汤
1/4杯	（可打发的）重奶油
1茶匙	辣酱油
1茶匙	犹太盐
8盎司	新鲜白蘑菇片

牛肉饼制作方法

1　取一只大碗，放入牛肉末、面包糠、鸡蛋、辣酱油、洋葱粉和盐，抓匀后分成4份，做成4个肉饼（1/4英寸厚）。

2　取大号煎锅，放入橄榄油，中高火加热至少3分钟，将油烧热。

3　分次放入牛肉饼，两面各煎4~5分钟。煎好后取出牛肉饼，放入盘中。汁水留在煎锅中备用。

肉汁制作方法

4　同一口煎锅中放入黄油，中高火加热，待黄油融化，与之前锅中留下的汁水拌匀。放入面粉，搅拌，直到面粉呈糊状。

5　加入牛肉汤、重奶油、辣酱油、盐和蘑菇片，搅拌，煮5~6分钟，直到肉汁开始变稠。

6　把牛肉饼放回锅中。用勺子舀起肉汁浇在肉饼上。调中火，盖上锅盖，煮7~8分钟。待牛肉饼全熟，肉汁变浓稠即可。

烹饪羊肉时一般会用到橄榄油、迷迭香、大蒜以及孜然等调料，但这道烤羊排主要使用了红咖喱、酸橙汁、芝麻油、蚝油和花生酱进行调味。菜品质量堪比餐厅出品，非常适合搭配米饭，也可与抱子甘蓝培根沙拉佐香脂醋第戎芥末油醋汁（P116）一起享用。

烤羊排佐香辣芝麻花生酱

GRILLED LAMB CHOPS WITH SPICY SESAME-PEANUT SAUCE

5~6人份　　　烹饪：15分钟

处理食材：15分钟，另需4小时腌制羊排

3个	蒜瓣，切末
1/4杯	新鲜香菜叶
1/4杯	柔滑花生酱
2汤匙	熟榨芝麻油
1汤匙	红咖喱膏
1汤匙	鲜榨酸橙汁
1汤匙	番茄膏
1汤匙	蚝油
1汤匙	酱油
2茶匙	红糖
6~8块	羊排（共约3磅）
1/4杯	水

1　取料理机，放入大蒜、香菜叶、花生酱、芝麻油、咖喱膏、酸橙汁、番茄膏、蚝油、酱油和红糖，充分搅打均匀，制成酱料。取一半酱料，刷在羊排上。剩下的酱料留下备用。

2　将羊排放在盘子或烤盘中，盖上盖子，冷藏腌制4小时。

3　预热烧烤炉至400℉左右，或中高火预热烧烤盘。

4　取平底深锅，放入水和另一半酱料，中低火加热搅拌，将酱料煮透。

5　把羊排放在烧烤炉上，每面烤1~2分钟。将烧烤炉温度调低至
　　300℉左右，继续烤5~7分钟，勤翻面。待中心温度达到145℉，
　　即可取下羊排。静置3分钟。

6　将温热的酱汁浇在羊排上，即可出餐。

混搭小建议：本食谱同样适用于猪肉，无须更改腌制和烹饪时间。

烤薯角 P112

第 **8** 章

配菜和酱汁
Sides and Sauces

无论是牛排还是三明治，薯角都是最完美的搭档。烤薯角内部沙软，外部酥脆，辅以洋葱、大蒜调味点缀，味道极佳。

烤薯角

OVEN-BAKED STEAK FRIES

6~8人份	处理食材：20分钟	烹饪：1小时

6~8个	育空黄金土豆（YUKON GOLD）或褐皮土豆（大），搓洗干净
1/2杯	橄榄油
2茶匙	调味盐
2茶匙	大蒜粉
1茶匙	红椒粉
1茶匙	洋葱粉
1茶匙	粗黑胡椒粉
2茶匙	干欧芹

1 450℉预热烤箱。取一只烤盘，铺上烤盘纸。

2 土豆纵向对半切开，每半块土豆纵向切成四份后再纵向对半切开，这样能得到较薄的半月形土豆块。

3 取一只小碗，放入橄榄油、调味盐、大蒜粉、红椒粉、洋葱粉和胡椒粉，拌匀，制成薯角调料。取1加仑容量的食品密封袋，放入调料和土豆块。晃动袋子，让土豆充分裹匀调料。调好味的土豆摊开放在准备好的烤盘上，均匀刷上袋中剩余的薯角调料。

4 将土豆送入烤箱，上下火烤30分钟。翻面，再烤25分钟，至土豆表面焦黄。

5 调高烤箱上火温度，再烤3~5分钟，让薯角表面起脆。最后撒上干欧芹，即可出餐。

进阶小技巧：切土豆时，用刀尖下刀，刀刃落下后再将刀身往后拉一下，就能切得很漂亮。

一份烤土豆泥能带来很大的满足感。土豆先烤一遍，挖出土豆泥，混合进自己喜爱的食材，再烤一遍，一道丰盛的配菜就完成了。虽然制作比较费时，但大部分时间无须动手。烤土豆泥适合搭配任何牛排。

烤土豆泥

TWICE-BAKED POTATOES

6~8人份	处理食材：40分钟	烹饪：1小时15分钟

3汤匙	橄榄油
3汤匙	犹太盐，分次使用
6~8个	中等大小的褐皮土豆或爱达荷土豆，搓洗干净
12片	培根，煎熟切碎
8汤匙（1根）	有盐黄油，室温软化
2杯	科尔比杰克（COLBY JACK）芝士丝
3/4杯	酸奶油
1/4杯	切片大葱叶
2茶匙	现磨黑胡椒粉
1½杯	全脂牛奶

1　450℉预热烤箱。取一只烤盘，铺上烤盘纸。

2　土豆表面抹上足量橄榄油和2汤匙盐，放在准备好的烤盘上。

3　将土豆放入烤箱中烤45~55分钟，直到叉子可以轻松戳进土豆。

4　取出土豆，静置冷却30分钟。留下烤盘备用。

5　取一把锋利的小刀，在土豆的顶部挖出一个椭圆形的浅坑，再用勺子轻轻挖空土豆，底部留约1/8英寸厚的皮和肉。挖出来的土豆泥放进准备好的大碗中。

6　350℉预热烤箱。

7　同一只大碗中放入培根、黄油、芝士、酸奶油、葱、剩余的1汤匙盐、胡椒粉和牛奶，用电动搅拌器或大木勺，将碗中所有食材混合，搅拌至顺滑。用勺子把混合好的土豆泥填回土豆空壳里，填满一些。填好后，将土豆放回烤盘中。

8　上下火烤20分钟，土豆泥烤透即可。

这道家常土豆泥口感细腻顺滑、味道浓郁，且制作方便，是工作日晚餐的完美选择。如果用的是红皮土豆，就不用去皮了。土豆皮可以增加口感，而且营养丰富。

家常土豆泥
HOMESTYLE MASHED POTATOES

5~6人份	处理食材：10分钟	烹饪：20分钟

8个	红皮土豆或育空黄金土豆，搓洗干净后切2英寸见方的块
2汤匙	无盐黄油
3/4杯	全脂牛奶，可酌情增加用量
1茶匙	犹太盐，可酌情增加用量
1/2茶匙	现磨黑胡椒粉，可酌情增加用量

1 取一口大锅，放入土豆。倒水，至少没过土豆1/2英寸。大火煮15~20分钟，将土豆煮熟。捞出土豆块沥干，倒入大碗中。

2 碗中加入黄油、牛奶、盐和胡椒粉。用电动搅拌器将碗中所有食材搅打至细腻顺滑。可酌情多加些牛奶，来调整稠度。尝一尝味道，酌情再加一些盐或胡椒调味。

省心小窍门：如果没有电动搅拌器，可用压薯器或大叉子压碎、搅拌土豆。

这道菜配料简单，味道浓郁丰富，适合搭配任何牛排。推荐与伦敦烤牛排（P087）或甜辣香烤厚裙牛排（P092）一起享用。

香脂醋煸蘑菇洋葱

SAUTÉED BALSAMIC MUSHROOMS AND ONIONS

5~6人份	处理食材：10分钟	烹饪：10分钟

3汤匙	无盐黄油
5个	蒜瓣，切末
1磅	白蘑菇，切四瓣
1个	甜洋葱（大），切丁
1/4杯	香脂醋
汤匙	辣酱油
1/2茶匙	犹太盐
2茶匙	现磨黑胡椒粉

1 取大号煎锅，放入黄油，中高火加热。待黄油融化，加入大蒜，煸炒2~3分钟。

2 加入蘑菇和洋葱，煸炒5分钟，直到蘑菇和洋葱开始变软。

3 倒入香脂醋和辣酱油，放入盐和胡椒调味。继续煸炒3~4分钟，收汁。完成后搭配上自己喜欢的牛排，即可出餐。

食材准备小提示：切丁时，先把洋葱对半切开，去皮。之后切面朝下，把洋葱平放在砧板上，顺着纹路纵向切片，但不要切开根部。之后转个方向，将洋葱切丁即可。

这道沙拉是我的好朋友泰勒的创意，味道极佳，适合搭配任何种类的牛排。沙拉中有抱子甘蓝叶、培根、蔓越莓干和帕马森芝士碎，食材丰富，口感脆爽，再挑剔的美食家也会点头称赞。招待客人时端上这道沙拉，一定会给对方留下深刻印象。

抱子甘蓝培根沙拉佐香脂醋第戎芥末油醋汁

BRUSSELS SPROUT SALAD WITH BACON AND BALSAMIC-DIJON VINAIGRETTE

6~8人份	处理食材：20分钟	烹饪：5分钟

油醋汁配料

2/3杯	特级初榨橄榄油
1/4杯	香脂醋
1汤匙	第戎芥末
2茶匙	新鲜蒜末
1/4茶匙	干欧芹
1/4茶匙	洋葱粉
1/4茶匙	大蒜粉
1/4茶匙	盐
1/4茶匙	粗黑胡椒粉

沙拉配料

1½磅	抱子甘蓝
1/4杯	蔓越莓干
1/4杯	熟培根碎
1/4杯	帕马森芝士碎

油醋汁制作方法

1. 取一只小玻璃瓶，放入橄榄油、香脂醋、芥末、大蒜、干欧芹、洋葱粉、大蒜粉、盐和胡椒粉，盖好盖子，摇匀，冷藏备用。

沙拉制作方法

2. 切去抱子甘蓝的茎，丢弃不用。剥下菜叶，中途不好剥时可削去底部的茎再剥，抱子甘蓝芯丢弃不用。最后应剥出3~4杯叶子，冲洗干净。

3. 取一只大碗，倒满冷水和冰块。

4. 取中等大小的锅，放水，保证水可没过菜叶。将水烧开后调小火，分次放入甘蓝叶（一次1杯）。焯水20~30秒后，用漏勺捞出菜叶，放入冰水中浸泡1~2分钟。

5. 从冰水中捞出菜叶，放入沙拉甩干机中甩干，或用厨房纸吸去多余的水分。取一只大碗，放入菜叶、蔓越莓和培根。

6. 取油醋汁，摇匀后淋在沙拉上，颠拌均匀。最后撒上帕马森芝士即可。

质地柔软的哈瓦蒂芝士搭配酥脆的培根，再浇上浓郁的蒜香白葡萄酒油醋汁，颠拌均匀，就完成了这道美味的沙拉。味道酸甜适口，与牛排相得益彰。

凯撒沙拉佐蒜香白葡萄酒油醋汁

ROMAINE SALAD WITH GARLIC AND WHITE WINE VINAIGRETTE

6~8人份　　　　**处理食材：15分钟，另需2小时冷藏油醋汁**

油醋汁配料

1½杯	芥花油
1杯	白葡萄酒醋
1/2杯又2汤匙	砂糖
2个	蒜瓣，切末
1汤匙	犹太盐

沙拉配料

2颗	罗马生菜，切2英寸长的片
4盎司	哈瓦蒂（HAVARTI）芝士碎
12片	培根，煎熟切碎
1/4杯	原味葵花籽
1/4杯	蔓越莓干

油醋汁制作方法

1　取一只小玻璃瓶，放入芥花油、白葡萄酒醋、砂糖、蒜末和盐。盖好盖子摇匀，至少冷藏2小时。

沙拉制作方法

2　取一只大碗，放入生菜、芝士、培根、葵花籽和蔓越莓。

3　取油醋汁，摇匀后浇1/4杯在沙拉上，颠拌均匀。酌情加入剩下的油醋汁，或单独放一旁供佐食。（剩余未用的油醋汁冷藏，可保存1个月。）

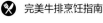

蒜泥蛋黄酱制作方法简单，无论是搭配嫩角尖沙朗还是牛肉三明治都十分美味，用在鞑靼牛排上也别具风味，我还喜欢蘸着它吃薯条！酱汁的配料并不复杂，放入些许烟熏红椒粉，可提升整体风味。

烟熏红椒蒜泥蛋黄酱

SMOKED PAPRIKA AND GARLIC AIOLI

以下食材可制作1/2杯蒜泥蛋黄酱　　　　　**处理食材：15分钟**

6汤匙	蛋黄酱
2汤匙	特级初榨橄榄油
1茶匙	鲜榨柠檬汁
2个	蒜瓣，切末
1/8茶匙	烟熏红椒粉
适量	粗黑胡椒粉

取一只小碗，放入蛋黄酱、橄榄油、柠檬汁、蒜末和烟熏红椒粉，拌匀。尝一尝味道，酌量放入粗黑胡椒粉。完成后即可食用。密封冷藏可保存1周。

大蒜烤过后会有淡淡的甜味，我喜欢用它来中和辣根的辣味。搭配牛肉什锦蔬菜卷（P074）、烟熏嫩角尖沙朗（P094）都很美味，烤上肋佐辣根酱（P065）中也用到了这款酱汁。

酸奶油蒜泥辣根酱

CREAMY GARLIC HORSERADISH SAUCE

以下食材可制作1杯酸奶油蒜泥辣根酱　　　　烹饪：45分钟

处理食材：10分钟，另需3小时冷藏酱汁

1头	蒜（小）
1¼茶匙	犹太盐，分次使用
2茶匙	橄榄油
1/2杯	酸奶油
1/2杯	辣根泥
1/2茶匙	鲜榨柠檬汁
1/4茶匙	辣酱油
1/4茶匙	白胡椒粉

1　400℉预热烤箱。

2　切下蒜头顶部，让蒜肉露出来。蒜肉撒1/4茶匙盐，淋上橄榄油。用锡纸包住大蒜，放入小号烤盘或铸铁煎锅中。

3　将大蒜送入烤箱，上下火烤45分钟。烤好后静置冷却。

4　从锡纸中取出蒜头，小心地剥掉蒜皮，剁成蒜泥。

5　取一只小碗，放入蒜泥、酸奶油、辣根泥、柠檬汁、辣酱油、白胡椒粉，混合均匀。盖上盖子，使用前至少冷藏3小时。

伯那西酱起源于法国，与荷兰酱十分相似，但配料中多了火葱头、黑胡椒和新鲜龙蒿，因此味道层次更丰富。制作全程需让蛋黄和黄油保持温热，酱汁才能达到合适的稠度。法式伯那西酱适合搭配香煎纽约客牛排佐大蒜迷迭香黄油（P050）和蒜香整烤牛里脊（P066），搭配水波蛋和烤蔬菜也很好。

法式伯那西酱

BÉARNAISE SAUCE

以下食材可制作1½杯法式伯那西酱　　　　　烹饪：25分钟

处理食材：5分钟

1汤匙又1杯	无盐黄油
1个	火葱头，切末
1个	蒜瓣，切碎
1/2茶匙	犹太盐
1汤匙	黑胡椒粒
1/4杯	霞多丽白葡萄酒
2汤匙	白葡萄酒醋
4个	蛋黄（大），室温
1汤匙	鲜榨柠檬汁
1汤匙	温水
2汤匙	新鲜龙蒿末
1/4茶匙	红椒粉
1/8茶匙	白胡椒粉

1 取小号平底深锅，放入1汤匙黄油，中火加热。待黄油融化，加入火葱末、蒜末、盐和胡椒粒。调中低火，边搅拌边慢慢倒入霞多丽白葡萄酒和白葡萄酒醋，搅拌加热1~2分钟。

2 调中高火，烧开后继续煮5~6分钟。观察锅中情况，时不时搅拌一下，直到锅中的酒醋汁变稠，到大约剩2汤匙酒醋汁时关火。

3 用细滤网将酒醋汁滤入小碗中。挤压残渣，尽可能挤出更多汁液。静置酒醋汁，待其完全冷却。

4 酒醋汁冷却后，搅拌机中倒入热水预热一下。

5　将平底深锅擦干净，中火预热。放入剩下的1杯黄油，加热。待黄油融化冒泡后倒入玻璃量杯中。

6　倒出搅拌机中的水，擦干搅拌机内壁。

7　将蛋黄、柠檬汁和温水倒入搅拌机中，搅打至顺滑。

8　取下搅拌机上的小盖子，在搅拌机工作的同时，慢慢倒入热黄油。搅打2~3分钟，直到酱汁变得浓稠顺滑。取出酱汁，倒入中等大小的碗中。

9　碗中倒入浓缩过的酒醋汁、龙蒿末、红椒粉和白胡椒粉，与酱汁搅拌均匀即可。完成后立即食用，放久了酱汁会泄掉。

进阶小技巧：伯那西酱不能放凉，也不能再加热食用。如需保温备用，可取一口大锅，倒入1杯水，煮至水微开后关火。把酱汁倒入大玻璃碗中，再将玻璃碗放入热水里，可保温30分钟。
省心小窍门：将酒醋汁放入冰箱冷藏7~10分钟，可节省步骤3中的冷却时间。

这种青酱起源于阿根廷，味道浓郁，适合搭配任何肉类，与牛排搭配尤佳，比如本书中出现的蒜香整烤牛里脊（P066）便是如此。处理食材时使用料理机，可大大节省时间。阿根廷青酱也可以用作腌料，用来腌制牛排或豆腐。

阿根廷青酱

CHIMICHURRI SAUCE

以下食材可制作3/4杯阿根廷青酱　　　　　烹饪：5分钟

处理食材：10分钟

3个	蒜瓣，去皮
1/2个	火葱头（小），去皮
1/2杯	新鲜欧芹叶
1/2杯	新鲜香菜叶
1汤匙	鲜牛至叶
1茶匙	犹太盐
1/4茶匙	现磨黑胡椒粉
1/2茶匙	孜然粉
2汤匙	红酒醋
1/2个	酸橙，榨汁
1/2杯	橄榄油

1　取料理机，放入大蒜、火葱头、欧芹叶、香菜叶、牛至叶、盐、胡椒粉和孜然粉，搅打至基本顺滑。在料理机工作的同时，慢慢加入红酒醋、酸橙汁和橄榄油，充分搅打均匀。

2　将酱汁倒入小号平底深锅，中低火加热5分钟后即可使用。

3　密封冷藏，可保存2周。

如果你喜欢牛排酱，肯定也会喜欢这道甜辣牛排酱。甜辣牛排酱的味道近似番茄酱与A.1.牛排酱混合后的味道，与任何牛排都是绝配，比如低温慢煮素牛排（P099），还有酱烤腹肋肉牛排（P083）。

甜辣牛排酱

SWEET AND TANGY STEAK SAUCE

以下食材可制作1½杯甜辣牛排酱　　　烹饪：25分钟

处理食材：5分钟

1/2个	橙子，榨汁
1/2杯	香脂醋
1/2杯	辣酱油
1/4杯	第戎芥末
3汤匙	番茄膏
3个	蒜瓣，切末
2茶匙	红糖
1½汤匙	干洋葱末
1/2茶匙	西芹籽
1/2茶匙	犹太盐
1/2茶匙	粗黑胡椒粉
1/4杯	黄葡萄干

1　取一只中等大小的平底深锅，放入橙汁、香脂醋、辣酱油、芥末、番茄膏、蒜末、红糖、干洋葱、西芹籽、盐和粗黑胡椒粉，搅拌均匀。放入葡萄干，拌匀。大火烧开后盖上盖子，转小火煮20分钟。

2　煮好后倒入搅拌机或料理机中，搅打顺滑。

3　待完全冷却后即可食用。密封冷藏，可保存1周。

食材准备小提示：若酱汁太稠，可加入1/4杯水，方便搅打。

荷兰酱不像法式伯那西酱那样"挑剔"，但制作过程中黄油必须是热的。我在配料中加了一些卡宴辣椒粉、白胡椒粉和少许烟熏红椒粉，对这道经典酱汁做了一些改造。荷兰酱适合搭配酱烤腹肋肉牛排（P083）、香煎纽约客牛排佐大蒜迷迭香黄油（P050）和蒜香整烤牛里脊（P066），搭配水煮三文鱼、芦笋和班尼迪克蛋也相得益彰。

烟熏荷兰酱

SMOKY HOLLANDAISE SAUCE

以下食材可制作3/4杯烟熏荷兰酱　　　　　烹饪：20分钟
处理食材：5分钟

8汤匙（1根）无盐黄油	
3个	蛋黄（大）
1汤匙	鲜榨柠檬汁
1/4茶匙	犹太盐
1/8茶匙	卡宴辣椒粉
1/8茶匙	白胡椒粉
1/8茶匙	烟熏红椒粉

1　取小号平底深锅，放入黄油，中高火加热1~2分钟，直到黄油融化并微微冒泡。

2　搅拌机中放入蛋黄、柠檬汁和盐，搅打10秒，将食材拌匀。取下搅拌机上的小盖子，在搅拌机工作的同时，慢慢倒入热黄油，并继续搅打1~2分钟，酱汁变稠后倒入小碗中。

3　碗中加入卡宴辣椒粉、白胡椒粉和红椒粉，与酱汁充分搅拌均匀即可。酱汁趁热食用。

食材准备小提示：黄油温度必须相当高，否则酱汁不能很好地乳化，所以要把黄油放入锅中加热。

我在田纳西州的乡下学会了这道肉汁，因此给它取名"乡村肉汁"。享用乡村油炸牛排（P105）、方格牛排佐自制美式千层酥饼（P078）和家常土豆泥（P114）时，这道肉汁是首选搭配。

奶香乡村肉汁

WHITE COUNTRY GRAVY

以下食材可制作1½杯奶香乡村肉汁　　　　　烹饪：20分钟

处理食材：5分钟

3汤匙	培根油或其他熟肉油
1/4杯	通用面粉
1杯	全脂牛奶
1/2杯	白脱牛奶
1/4茶匙	犹太盐，可酌情增加用量
1/4茶匙	粗黑胡椒粉，可酌情增加用量

1　取中号煎锅，倒入培根油，中高火加热。放入面粉，搅拌，直到面粉呈厚糊状。

2　边搅拌边慢慢加入全脂牛奶和白脱牛奶。

3　加入盐和胡椒粉，搅拌打散面糊里的大疙瘩。

4　调中火加热2~3分钟，不断搅拌，直到肉汁变稠。尝一尝味道，可酌情再放些盐或胡椒调味。肉汁里可能会有些小疙瘩，但不会对口感产生太大影响。完成后立即食用。

> 食材准备小提示：煎过培根的油收集起来，可以用来制作肉汁。如果没有这个习惯，可用油炸牛排后剩下的油，也可以用黄油代替，但风味会差一些。

每次做牛排时，家人都会问配的是不是这道酱汁，这足以证明它有多么美味。可搭配香煎菲力牛排（P037）、低温慢煮纽约客牛排（P041）和蒜香整烤牛里脊（P066）一起享用。专业牛排餐厅也会将其作为招牌酱汁，搭配其他牛排或蔬菜也同样美味。

奶油胡椒蘑菇酱

CREAMY PEPPERCORN-MUSHROOM SAUCE

以下食材可制作2杯奶油胡椒蘑菇酱　　　　烹饪：10分钟

处理食材：5分钟

3汤匙	培根油或其他熟肉油
1罐头（10.5盎司）	法式牛肉清汤
3汤匙	有盐黄油
1杯	（可打发的）重奶油
2个	蒜瓣，切末
1汤匙	现磨黑胡椒粉，可酌情增加用量
1/2杯	新鲜白蘑菇片
2茶匙	通用面粉
适量	犹太盐

1. 取中号煎锅，倒入培根油，中高火加热。倒入牛肉清汤，煮开后继续煮2~3分钟，直到汤汁开始减少。

2. 加入黄油、重奶油、蒜末、胡椒粉和蘑菇，搅拌均匀，煮1~2分钟。

3. 加入面粉，搅拌加热2~3分钟，直到酱汁开始变稠，调小火煮1~2分钟。尝一尝味道，酌情放入盐或胡椒粉调味。

> 进阶小技巧：如果先煎牛排再做酱的话，煎牛排的锅不要洗，直接倒入牛肉清汤，并用锅铲刮起锅底的焦褐物。
> 省心小窍门：如果没有熟肉油，可用无盐黄油替代。法式牛肉清汤可用牛肉汤替代。

软化黄油中加入一些常见香料，就能轻松复合出多种风味，新鲜大蒜与迷迭香是我最爱的组合之一。搭配煎牛排，如香煎菲力牛排（P037）、低温慢煮纽约客牛排（P041），以及大蒜迷迭香菲力牛排（P030），效果极佳。也很适合用来搭配蒜香面包、蒸蔬菜或烤蔬菜。

大蒜迷迭香黄油

GARLIC-ROSEMARY COMPOUND BUTTER

以下食材可制作1杯大蒜迷迭香黄油

处理食材：10分钟，另需2小时冷藏黄油

1杯	无盐黄油，室温软化
6个	蒜瓣，切末
2枝	迷迭香，捋下叶子切碎，茎丢弃不用
3/4茶匙	犹太盐
1/4茶匙	粗黑胡椒粉

1 取中等大小的碗，放入黄油、蒜末、迷迭香、盐和粗黑胡椒粉。用电动搅拌器低速搅拌，直到食材充分混合均匀。（也可使用手持式电动搅拌器。）

2 取出黄油，放在一小片烤盘纸上。从烤盘纸的一边开始卷起，小心地将黄油滚成圆柱形，然后扭转纸的两端，将黄油密封。

3 使用前至少冷藏2小时。没用完的黄油密封冷藏，最多可保存2周。

> **进阶小技巧**：同食谱可按个人口味喜好换用各种新鲜香草，如百里香、龙蒿和罗勒。

附录
计量单位换算

体积单位（液体）

美制	美制（盎司）	公制（约值）
2汤匙	1液盎司	30毫升
1/4杯	2液盎司	60毫升
1/2杯	4液盎司	120毫升
1杯	8液盎司	240毫升
1½杯	12液盎司	355毫升
2杯或1品脱	16液盎司	475毫升
4杯或1夸脱	32液盎司	1升
1加仑	128液盎司	4升

温度单位

华氏度	摄氏度（约值）
250℉	120℃
300℉	150℃
325℉	165℃
350℉	180℃
375℉	190℃
400℉	200℃
425℉	220℃
450℉	230℃

体积单位（固体）

美制	公制（约值）
1/8茶匙	0.5毫升
1/4茶匙	1毫升
1/2茶匙	2毫升
3/4茶匙	4毫升
1茶匙	5毫升
1汤匙	15毫升
1/4杯	59毫升
1/3杯	79毫升
1/2杯	118毫升
2/3杯	156毫升
3/4杯	177毫升
1杯	235毫升
2杯或1品脱	475毫升
3杯	700毫升
4杯或1夸脱	1升

重量单位

美制	公制（约值）
1/2盎司	15克
1盎司	30克
2盎司	60克
4盎司	115克
8盎司	225克
12盎司	340克
16盎司或1磅	455克

长度单位

英制	公制（约值）
1英寸	2.5厘米
1英尺	30厘米

致谢

特别感谢我的丈夫格雷格·梅森，感谢他一直以来的支持，有你陪伴我感到非常幸运。感谢我的女儿凯莉·梅森，因为有你的支持与帮助，我才能完成这本书。感谢我的儿子戴维斯·梅森，在写作与烹饪上你一直给予我鼓励。凯莉和戴维斯，感谢你们品尝我的菜肴并提供宝贵的感想，这是对我的巨大支持。我的一切属于你们。我永远爱你们。

感谢我的母亲凯西·皮克斯，您教会我坚强，教会我怀揣远大梦想，并朝着梦想勇往直前。这种态度改变了我的生活，为我打开了无数扇门，我对此永远心怀感激。

感谢我的父亲鲍比·皮奇，他几乎尝遍了这本书里的每一道菜。感谢您的建议和对我坚定不移的支持。我对此永远心怀感激。

我的侄子，泰瑞·哈奇，是我最大的支持者之一，为我实现梦想提供了很多动力。我把这本书同样献给你。

感谢我的朋友珍妮弗·斯蒂姆，20多年来一直为我加油鼓劲。你、波和孩子们，没有你们的爱和支持，我不会有今天的成就。我对此永远心怀感激。

我的朋友霍莉·威尔逊，尽管我们相距近5000千米，但20多年来你对我的支持从未缺席。你也是我的家人。我对此永远心怀感激。

感谢我亲爱的朋友林赛·皮内达，一直在大洋彼岸支持着我。你的鼓励以及你带给我的影响无可替代。我对此永远心怀感激！

感谢安东尼·巴尔加斯和丽莎·迈尔斯（丽莎妈妈），你们是我的家人，无论发生什么，我都爱你们。你们坚定不移的支持给予了我一切。我对此永远

心怀感激。

感谢泰勒·贝恩，感谢你的努力、参与和支持。阿曼达·梅森摄影工作室的成立非常有意义。我十分感激这一切！我们爱你！

感谢比尔和希瑟·胡伯里奇，感谢你们的支持，感谢你帮助试吃菜肴。你是我们的家人，我们爱你！

杰米、达拉斯、盖奇和黛莎·伯杰，谢谢你们帮助试吃菜肴。我爱你们温馨的一家！

感谢埃迪、瑞塔、亚当和齐亚娜·王，感谢你们随时随地愿意为我品尝菜肴！你们的意见与建议完善了这些食谱，让更多人喜欢它们！

感谢尼尔、艾米、里斯、吉雅和金斯顿·琼斯，感谢你们在我制作这些食谱时一直陪我身旁，感谢你们的建议、支持和付出的时间。

感谢莱克茜·米勒和杰克森·摩尔，感谢你们品尝菜肴并给出建议！

感谢约翰·布莱克利和克里斯·弗兰兹，没有你们对我的信任和支持，我肯定做不成这一切。你们改变了我家人的生活，谢谢。

感谢我了不起的编辑安娜。感谢你和编辑人员的努力，让这本书得以出版。

感谢我的博客"百吃不厌的食谱"的读者和支持者们，因为有你们，这本书才能够面世。我对此永远心怀感激！

作者简介

阿曼达·梅森是《轻松学做熏肉》（*Smoking Meat Made Easy*）一书的作者，同时也是博客"百吃不厌的食谱"（*Recipes Worth Repeating*）的创始人和撰稿者。该博客自2012年创设以来，一直致力于介绍适合家庭烹饪的各类食谱。阿曼达很早便与烹饪结缘。十几岁时，她曾在老家的富兰克林小餐馆工作，自此之后，她对烹饪和食物的热情与日俱增。杂志《家的味道》（*Taste of Home*）等线上渠道都刊载有她的食谱和作品。阿曼达·梅森出生成长在田纳西州纳什维尔市近郊，现在与丈夫以及两个孩子居住在亚利桑那州凤凰城。